执业资格考试丛书

一级注册建筑师考试
场地作图题汇评

（第十版）

教锦章　陈景衡　编著
陈初聚　　　　主审

中国建筑工业出版社

图书在版编目（CIP）数据

一级注册建筑师考试场地作图题汇评/教锦章，陈景衡
编著. —10版. —北京：中国建筑工业出版社，2019.1（2022.1重印）
（执业资格考试丛书）
ISBN 978-7-112-23181-2

Ⅰ. ①—… Ⅱ. ①教… ②陈… Ⅲ. ①建筑制图-资
格考试-自学参考资料 Ⅳ. ①TU204.2

中国版本图书馆 CIP 数据核字（2018）第 301171 号

责任编辑：杨　虹　尤凯曦
责任校对：姜小莲

执业资格考试丛书
一级注册建筑师考试场地作图题汇评
（第十版）
教锦章　陈景衡　编著
陈初聚　　　　主审

＊

中国建筑工业出版社出版、发行（北京海淀三里河路9号）
各地新华书店、建筑书店经销
北 京 红 光 制 版 公 司 制 版
廊坊市海涛印刷有限公司印刷

＊

开本：787×1092 毫米　1/16　印张：18　字数：433 千字
2019 年 2 月第十版　　2022 年 1 月第十四次印刷
定价：50.00 元
ISBN 978-7-112-23181-2
（38340）

前言（第十版）
——不足与失调、合纵与连横

一级注册建筑师资格考试要求在八年内通过九门科目，其难度不言而喻。其中场地设计（作图）又是历年通过率最低的科目，主要原因有二：

一者，在大学本科学习阶段，缺乏完整系统的场地设计课程学习——可谓"先天不足"！

二者，鉴于现行设计体制的分工，建筑师大多不参与场地设计的实践——可谓"后天失调"！

因此，在有限的备考时间内，欲求应试过关，只能求助于考前培训和自学辅导教材。而多达九种涉及场地作图的辅导教材，为适应"短平快"的需求均编入历年试题。

其中《场地设计作图考题答疑——试题命题与设计实践验证》（简称〈耿长孚编考题〉）以年份为序汇编当年的各类试题，类似"编年史"；《历年真题解析与模拟试卷 场地设计（作图题）》（简称〈张清编作图题〉）则相反，系按题型分类汇编逐年试题，类似"专项史"；另外，《一级注册建筑师考试场地设计（作图）应试指南》（简称〈陈磊编指南〉）从2018年起也改为只选用试题；其他教材多为零星试题与模拟题"混搭"。但所有教材均自成体系——可谓"合纵"！

然而问题是，由于命题部门从来不公布试题和答案，因此各书只能自行复原试题和编写答案。从而导致大量同题异解，令应试者无所适从。本书则针对此情况，剖析各书的异同，力求真谛——可谓"连横"！

通过"合纵"与"连横"形成的经纬方阵，变纷杂为有序，使应试者更全面和深入地掌握解题能力，达到事半功倍的目的。而这正是本书编写的初衷。

本书自本版起，删除了以模拟题为例解析试题类型的章节。其目的在于：使内容更为集中，方便与其他辅导教材（特别是与〈张清编作图题〉）对接，更利于应试者学习参考。

注册建筑师资格考试于2015年和2016年停考，其后2017年与场地作图相关的辅导书，除本书外只有〈张清编作图题〉、〈陈磊编指南〉和《一级注册建筑师考试教材 第六分册建筑方案 技术与场地设计（作图）（含作图试题）》（简称〈曹纬浚编作图〉）三册续编新版，且仅有前两书涉及2017年的考题。

本版的修编得到建工社编辑们的大力支持。插图绘制仍由曲晓明建筑师完成。特此致谢！

前言（第九版）

　　鉴于本书第八版进行了结构性调整，修改较大，致使今年考前两个月才出版面世，但两千册仍即告售完！从而证明本书的再次修编，适应了应试的需求、得到了考生的认同！因此也更坚定了本书编写十余年最终探索出的思路和形成的如下特色：

　　一、以服务考生为宗旨，分类汇编历年试题，通过熟习题型、掌握通用解题模式、专题研讨和立足于演练试题，以求必胜！

　　二、评析各书同题异解是本书独具的亮点，其目的是帮助考生在众多辅导书纷呈的试题答案面前，用较短的时间和精力，阅一知十、去伪存真，在差异中悟得正解！

　　三、为此，本书摆脱了力求完整、自成体系的惯性，不仅将基础知识的介绍改为择优推荐其他辅导书的相关章节，而且将自2003年以后的试题和解答也全部索引〈张清编作图题〉。本书则集中精力以其为基准对各书中的同题异解进行深入剖析，从而为考生提供了博采众长、强强联合的辅导方阵！

　　顺便指出：由于停考两年，除本书外的八册场地作图题辅导书中，仅〈耿长孚编考题〉、〈陈磊编指南〉、〈任乃鑫编作图〉和〈张清编作图题〉等四册编录有2014年试题的内容。〈曹纬浚编作图〉则未涉及，其他三册未出新版。

　　本书的修编始终得到张清老师的支持，绘图工作均由曲晓明建筑师完成，特此致谢！

前言（第八版）

据笔者统计，目前有关场地设计作图题的应试教材已达9册。其中历年试题因源于实战，可供考生直接了解题型、思路和难易，故成为各书例题的首选和主力。但也导致各书编录的试题大量雷同。然而更突出的问题还在于以下三点：

一者，由于国家从未公布历届试题的原文和标准答案，各书中所谓的"试题"和"答案"均系各自复原和编写的，因此同题异解在所难免。以2003~2013年的试题为例，在9册应试教材中，同一试题平均在6.9册内重复，且其中异解者平均占44%。

二者，由于各书力求完整和系统，均为自成一体的纵向模式。多不评析和链接他书，严重缺乏横向沟通。

三者，面对解答纷杂的众多教材，考生无暇更无力判别和取舍，只能倍感困惑与无奈！

对上述局面，笔者近年已有感触，且在前两版中有所修编。但因仍未跳出原有体系，仅能补救，难以治本。

因此，自本版起本书重新定位为：从剖析各书同题异解切入，以连横各书为己任。相应将版式调整为鼎立的三篇，既各有侧重，又分中有合、互通互补：

第Ⅰ篇为：通过模拟题诠释场地设计作图题的基本类型；

第Ⅱ篇为：分类汇编历年试题，重在剖析各书中的同题异解；

附录篇仍为：通用解题模式的总结和专题研讨。

不言而喻，第Ⅱ篇系本书再定位的体现，也是本书独具的亮点。相信通过对各书同题异解的剖析，定能使考生在比较中明了异解的原因、领悟试题的真谛。从而变纷杂为有序，达到阅一知十、事半功倍！

本版的改观，始终得到王莉慧副总编和杨虹编辑的首肯与操作！也得到张清老师的支持与协助，以及考生们的鼓励与期望！

自本版起，曹佩和曲晓明建筑师成为编写团队的生力军，承担资料搜集、整理、研讨，以及制图与文案工作。特此致谢并共勉！

前言（第七版）

在本书编写之初，即决定弃全求精，将相关理论知识的阐述改为推介或索引其他辅导书的优秀章节。而本书则以汇编和评析试题为己任，从而在同类教材的定位中与众不同！然而，在众多各有所长的辅导书中，如何突破自身的定势，整合出一套系统完整、优势互补的复习资料，则更是考生的当务之需！为此，本书再次进行了结构性调整与补充。

一、经《场地设计（作图题）》作者的同意，截至本版，与该书重复的 2000 年以后的"试题"本书已基本删除，改为在原题号后索引该书同题的题号，但仍保留和增加相关的评析与链接部分。也即，本书的其他内容主要涵盖以下三大部类：其一为 1992 年的美国试题，以及 1994 和 1996～1999 年我国的部分试题；其二为对应考试大纲和历年考试的题型，自编和摘编其他辅导书的典型例题；其三为对某些题型基本模式或通用解法的总结与讨论。

至此，两书将形成各有侧重、相辅相成的"联合体"。其例题总量已逾 130 道，纵贯二十余年、横括各类题型，应是目前对场地作图题最全面的汇总！但考生仍宜首先阅读《场地设计（作图题）》，掌握基础知识、了解近年"试题"，并同时参阅本书的相关评析与链接。然后再根据各自的情况，进而涉猎本书的各类例题、总结和讨论，从而构成复习的最佳攻略！

二、自第六版起，本书已不再编制当年的"试题与答案"。改为对各辅导书中历年的同一"试题"进行链接与评析，以满足考生无暇但又想遍览群书的渴望，也更充分体现了本书的宗旨与特点——汇而评之！

三、本版增加的附录五，主要是对场地分析试题的性质、内涵、命题原则，以及最大可建范围线的正确表达，给予全面的解读与讨论。附录六则对命题的严谨性——如何确保正确答案的唯一性，结合试题实例，进行了较详尽的剖析与总结。

与其他附录一样，其所有的探讨均表明：本书的评析并不局限于单个例题，还从更高层面对各类题型和命题本身存在的问题同样汇而评之！不言而喻，此举必将进一步提高考生审题与解题的能力。同时也是对命题者的提示，以利提升试题的整体质量水平！

本书的不断改进，始终得到王莉慧副总编和杨虹编辑的指导与操作，以及相关作者张清、赵晓光等老师的支持，更受到广大考生的欢迎，因而深受鼓舞和充满信心！

最后，本版的大量绘图工作系由建筑师范丽娟、曲晓明和柴华等人完成。在此一并深表感谢！

前言（第六版）

　　一级注册建筑师资格考试的辅导教材目前已有四大系列丛书。其中有关场地作图题者均各有侧重和优势，但例题多有重复或大同小异，致使考生无暇也无力进行筛选、对照、分析与整合，难以达到融会贯通、胸有成竹的备考目标。而本书则愿承担此任，为考生排忧解难。为此，本版再次进行较大的修编。

　　一、最近出版的《场地设计（作图题）》一书，以 2000 年以来历届试题为主，分步图示解答思路，并据此梳理相关的基础知识和规范要求。简明扼要、易于理解，切中考试的脉搏，针对性较强，颇受考生的青睐。经著者张清老师的同意，本书与该书基本重复的例题，自本版起将逐步删除，仅在原题号后索引该书的题号，但保留对该题的评析与链接内容。两书将互通互补、相辅相成，可使考生省时省力、事半功倍。

　　应指出的是：由于历届试题、答案和评分标准均属国家机密，从未公布。因此对该书所谓的真题、标准答案和评分标准不必过分"认真"。正如该书后记所言，其"真题"主要是从网站搜集和与考生交流探讨，最大限度复原而成。至于"标准答案"即便是真的，也难保其 100% 的正确性和唯一性（这也是不公布的原因之一，以免产生纠纷）。而"评分标准"不论真假，重在从中明了试题的主、次考核点。

　　二、五月有幸与《场地设计（作图）应试指南》著者赵晓光老师会面，同感有必要压缩各自辅导教材的篇幅，力求实效、不必求全。因此，自本版起本书不再编制当年的"试题"，集中精力对往年的"试题"进行解析和汇评。

　　三、对每道例题仍力求掰开揉碎，分析设计条件和任务要求与唯一正确答案之间的因果关系，达到解一悟十、一通百通的效果。为此，将尽量充实链接内容，重点指出其他辅导教材同题答案不同的原因何在？即使不览原题也能心中有数！

　　四、本版在附录一中增加了用简化截面法求护坡转角面顶（脚）点的画法，从而使护坡转角处的两种工程做法有了完整的表达。同时，对正文中的此类例题也增加了该画法，以便于考生对照解读。但鉴于该类问题已属于场地施工详图的范畴，相关的试题也大多超出了命题范围，故考生能够建立基本概念和简单作图即可。但对于命题者则宜深入理解和掌握，以免试题过深过繁，造成考生不必要的失分！

　　本次修编作了较大的结构性调整，不仅得到相关著者的支持，更得到王莉慧副总编和杨虹编辑的指导与操作，以及建筑师曲晓明和曾洁英协助绘图，在此深表谢意！

前言（第五版）

　　每年春末，一级注册建筑师资格考试结束之后，辅导教材的编者即开始寻访、查询、搜集当年的"试题"资料，进行命题与解答，以便编入年终推出的新版教材，供次年考生学习。笔者历年也未例外，但面对年年积增、大同小异的众多"疑似试题"，不禁质疑：考生难道不对此倍感重负和困惑吗？笔者也自疑：本书欲以"一书通万卷"就能令考生"一通百通"吗？殊不知"百通"却要建立在"一通"之上，"一通"不通，何言"百通"？因此，自本版起，本书将减量求精：

　　一、删除无类型意义的例题，以后也不再汇入和链接，仅告知读者相关信息即可。篇幅将相应瘦身，力求精中选优。

　　二、新题的编写，将着重阐明设计条件的设置与正确答案的因果关系，以及指出易错之处，力求剖深析透。

　　三、对于保留的例题，将根据专家和读者反馈的意见和资料及时补充修正，使其更趋完善。

　　本书愿作益友，为复习时间有限的考生提供一册较为精深、实用的教材。特别要感谢赵晓光教授的合作与支持。在其所著《一级注册建筑师考试场地设计（作图）应试指南》中，有关场地设计基础知识的简明介绍，恰是本书的缺项，二者互为补充，应是攻坚的最佳组合。再次感谢柴华和程娜建筑师的热情协助，以及杨虹编辑的指导与劳作！

前言（第四版）

　　自实行职业资格考试制度以来，考前辅导教材的编印日益火爆，仅与场地作图题相关者即达7种以上。但其中大量例题彼此重复或稍作修改，了无新意。至于每年增添的"当年试题"，鉴于国家不公布真题及标准答案，均系根据零碎信息，各自编写而成，故差异更大且难免错漏。读者多对此迷惑不解、无所适从。为此，本版再次增加了"链接"内容，不仅尽量摘录其他辅导书中的同题答案，更着重指出与本书答案的不同之处及其原因。也即从比较中悟得真谛，变杂乱为有序。

　　据不少读者反映，读后颇感明白清晰，但临考依旧茫然无策。对此不必奇怪，因为在学习过程中，往往"弯路胜于捷径"，别人的经验总结并不能完全代替自己的探索。所以，在参阅本书时，对试题应先自行解答，然后再对照答案、提示和链接。这样无论自己的解答对错，均能从正反两个方面锻炼解题思路，而不是简单的接受他人的成果，才能改被动为主动，变"受鱼"为"受渔"。如时间充裕，更不妨重复演练，加深理解，则胜券必握！

　　本版在修订中，程娜建筑师热情提供信息资料，柴华建筑师则协助完成大量文稿工作，更得到杨虹编辑的辛勤操作，从而使本书如期出版。特此深表感谢！

前言（第三版）

考试难，出题亦难，这是命题人和汇编者的同感！例如，本书作为教材在多次辅导讲课时，学员即指出不少错漏与多解之处，令人恍然大悟！因此，纠错和补正是本版的首要任务，以免继续贻误读者。

对于场地作图题科目的考生而言，关键是要多多见识不同类型的例题，才能胸有成竹从容应对考题，在限时内正确解答。因此，本版修编的重点在于：参照相关书刊及网络信息，择优增加新题型，用以开阔考生的视野，积累应试经验！

当前有关场地作图题考试的辅导书籍有增无减，尽管例题仍大量雷同，但也不乏颇具新意尚无答案的习题。据此，笔者试解之，可供考生参考。

综上所述，本版共增改例题22道，从而使本书不仅以题量大领先，更以题型多取胜，进一步满足考生认知、解难、省时、速成的愿望。

自本版起，西安建筑科技大学陈景衡副教授欣然加盟，使本书的编辑力量得以加强，更具朝气！其分工为：教锦章和陈景衡主要负责例题的策划、编写和制图；陈初聚主要负责校核审查。

再次感谢西安建筑科技大学赵晓光教授交流资料和探讨指正，以及北京龙安华城建筑设计公司柴华建筑师协助完成文稿的整理工作。

前言（第二版）

本书面世以来，历年均作为教材在多地进行辅导讲课，效果颇佳。但其间通过与考生的面谈交流，深感应进一步修改和增补内容，满足考生认知、解难、省时、速成的愿望。其原因在于：

1. 大多数考生已为各设计单位的业务骨干，平时复习时间有限，主要靠考前两三个月进行突击。而当前辅导书籍众多，考生无暇读遍，更无力筛选。为此，改版后增加了"链接"内容，将其他书中同题但相异的答案录于题后，并指出差别的原因或错在何处。这样不仅可以加深对该题的理解，更达到一书通万卷、事半功倍的效果。

2. 鉴于我国当前的设计体制，多数考生虽已获中级职称，但仍较少场地设计的实践机会，而考取一级注册建筑师又是当务之急。因此，本书依然直接面向考试，以解题为目的，以求立竿见影。为此，首先要尽量汇集例题，用以开阔考生的眼界，做到临场不怯；进而通过传授同类题解的基本规律（如停车场布置的基本模式、组合路面等高线的画法等），使考生犹如掌握"万能钥匙"，做到无坚不摧。

3. 目前，在众多的场地作图题辅导书中，不少例题（包括某些"试题"），虽然更接近实际工程，但偏难偏繁，在限时内不可能完成。其中有的超出了场地作图题的考试范围，有的以琐碎的计算冲淡了对设计能力的考查，以致影响了考生的真实成绩。诚然，场地设计比结构、设备等专业更接近于建筑设计，但根据目前的专业分工和考试分科，毕竟属于相关专业。所以要求建筑师全面通晓场地设计内容（乃至场地设计施工图），显然是不恰当的。尽管场地作图题仍应源于工程实践，但必须对素材加以凝练和简化，集中考查设计概念，而不是运算能力。此点不仅考生要心中有数，对命题人更具指导意义，因而也是本书评析例题优劣的基本原则。

说到编写本书的目的，无非是凭借作者的设计经验和充分的时间，替考生在试前作些例题的汇集、过滤、分析、讨论和总结工作。以便节省他们的精力与时间，顺利通过考试，取得一级注册建筑师资格，在从业生涯中登上新的高度！因此，在本书增改过程中，得到了同行的热情支持。其中与西安建筑科技大学赵晓光先生多次交流资料和探讨切磋。而北京奥兰斯特建筑工程设计有限公司的杨文选、刘力萌、庞京京，以及北京龙安华城建筑设计有限公司的柴华等同志，则承担了大量的制图与文字工作，在此深表谢意！

前言（第一版）

一级注册建筑师资格考试自 1996 年举行以来，场地作图题的通过率一直很低。其原因有三：一者，试题脱胎于美国注册建筑师资格考试的题型，与我国现行的建筑教育及设计实践有一定的距离；二者，由于我国的设计体制分工过细（大设计院尤甚），只有少数建筑师专职从事场地设计，一般建筑师则接触较少；三者，命题深度把握不准，试题偏繁偏难。诚然，场地设计较其他专业更接近建筑设计，但毕竟仍属相关专业。因此，要求建筑师都能通晓场地施工图知识，显然强人所难。何况资格考试只是执业的入围线，而非竞赛。

为解建筑师应试的困境，作者曾于 2005 年编著《一级注册建筑师资格考试场地作图题解析》一书。该书按试题类型对应分章，不仅简要汇总相关基本知识，并通过大量例题明确解题的思路和技巧，力图为建筑师备考节省精力和时间，达到事半功倍的效果。近年，曾辅导讲课，且以解题为主，收效良好。据此，本书舍弃了阐述理论知识的内容，改为推介和索引其他辅导书籍中的相关章节，重在增加同类书刊和网上的试题资料，成为以试题评析为特点，实战性极强的考前辅导用书。本书的编写始终得到中国建筑西北设计研究院和中国建筑工业出版社的全力支持，从而得以顺利出版。

无需讳言，编写本书的目的就是替建筑师筛选群书、按类汇题、分析评介、总结规律，找寻应试的捷径。同时，也希望命题者从中汲取经验，促进资格考试工作的提高。

由于相关规范年年有所更新，而例题多系早期所拟，已不易修订，二者不符之处在所难免，特请读者注意和谅解。

最后，本书摘录或改编了同类书刊中的例题，并已征得原作者同意，在此也对相关作者深表感谢！更盼批评指正。

目　　录

附录篇　通用解题模式

第 I 篇

综述与专题研讨

第1章 综　　述

1.1　场地设计的基本概念

1.1.1　场地设计的内容

首先要对城市规划的要求、场地自然环境和工程建设条件进行分析，并据以对建设场地内的建筑物、道路、广场、停车场、绿地、管线及其他工程设施进行系统考虑；进而确定这些工程项目的平面定位与竖向设计，以及场地与外部道路、管线的衔接工作。

1.1.2　场地设计与建筑设计

场地设计是建筑设计的先行环节，是建筑设计成败的关键和必要条件。场地设计的目的在于：充分有效地利用土地，以利于合理有序地组织生产与活动，最终达到建筑群体空间、形式与功能的完整统一，使建设项目发挥最大的经济、社会和环境效益。

鉴于场地设计对建筑设计的重要性，场地设计必然贯穿于建筑设计的全过程，前者是对后者的制约，后者是前者的深化，二者相辅相成，互为依存。不言而喻，与建筑设计相比，场地设计则更具地域性、综合性、预见性和政策性。

1.1.3　场地设计与城市规划

城市规划是根据一定时期城市及地区的经济和社会发展计划与目标，结合当地当时的具体条件，确定城市或地区的性质、规模和发展方向。关键在于合理利用土地、节省建设用地的综合部署和建设工作计划的全面安排。

根据我国《城乡规划法》的规定，城市规划工作包括：城镇体系规划、城市总体规划、分区规划和详细规划等阶段，而详细规划又分为控制性详细规划和修建性详细规划。其中，控制性详细规划以总体规划或分区规划为依据，详细规定了建设用地的各项控制指标和其他规划管理要求，或对建设作出指导性的具体安排和规划设计。因此，场地设计不仅要遵循城市规划的指导思想和建设计划，更要贯彻执行控制性详细规划的具体要求。

随着国外分区规划及控制性详细规划技术在我国规划中的广泛运用，与之相匹配的场地设计也日益受到普遍重视。与过去的建设项目总平面设计相比，后者更重视建设项目本身的工程技术与使用功能。

1.2 场地设计作图题的由来与变化

1.2.1 场地作图题的由来

我国实行注册建筑师制度的目的之一是与国际接轨，以适应设计体制改革、提高设计水平、促进国际交往以及满足经济高速发展的需要。为此，从 1996 年第一届注册建筑师资格考试开始，就确立了在高起点与美国注册建筑师考试水平对接的原则，也即在考试科目的数量、内容及题型上均脱胎于美国试题。场地设计自然也不例外，分为知识题和作图题两科。其中知识题均为选择题；作图题包括 5 道单项题和 1 道综合题。

1.2.2 试题结构与内容的调整

在前言中已提及，由于美国题型与我国建筑教育、设计体制及实践有一定的距离，致使历年场地设计（特别是作图题）的通过率一直较低。因此，自 2003 年开始，试题结构与内容有所调整：

1. 与美国一样，将"设计前期工作"与"场地设计"两科合二为一。

2. 将场地设计作图题的单项题数量由 5 道减为 4 道。也即，将原"场地布置"单项题取消，其考核内容纳入"场地综合设计"题内。

3. 场地设计作图题的每道单项题内均增加"问答题"与考核内容基本对应，以便于电脑评分。"问答题"不及格者则不再进行人工评分。

1.2.3 上述变化对场地设计作图题的主要影响

1. "设计前期工作"的内容将纳入考核范围。但是由于"设计前期工作"均较宏观和复杂，不易在较短的时间内完成作图工作，因此，估计独立成题的可能性不大。当然，也不能排除涉及"选址"之类的简单考核点。

2. 单项题数量减少后，答题时间相对充裕。

3. 单项题增加"问答题"后，对考生实际上有所"提示"，解题的难度相对降低。

1.3 场地设计作图题的考核范围

1.3.1 试题范围

1. 试题主要局限于建设用地范围以内，其外则属于规划设计、场地选择、建筑策划的内容。如前所述，由于"场地设计"与"设计前期工作"二者合并，因此会增加考核后者的部分内容。

2. 考查基本限于居住区和一般民用建设项目，至今尚未见工业建设项目的考题。

1.3.2 试题深度

考查的深度，以方案及初步设计阶段的总图设计知识为主，同时也涉及施工图阶段总图设计的基础知识。

1.4　场地设计作图题的基本类型

1.4.1　单项题

单项题主要包括场地分析、场地地形、场地剖面、停车场、绿化布置和管道综合等。每届考试选其中4道。

单项题的内容比较单一，主要考查考生对某一项场地设计知识掌握的程度。一般会设3~4个主要考核点。

分析表明，每类题均有较固定的基本考核点（否则该题不成立），另外再附加其他考核点。考生如对前者了如指掌，即可基本不丢分。例如，停车场的基本考核点是：出入口位置及数量、车位布置与数量、车道布局；附加考核点可以是：残疾人车位布置、地面坡度与排水、场地选择、引道设计和简单绿化等。一般不会再涉及与停车场无关的考核点，如场地分析、管线综合等，因为这些考核点应在相关的单项题中深入考查。

1.4.2　综合设计题

综合设计题主要是考查考生处理多项场地设计要素的综合能力。因为内容较广，主要考核点有4~6个。其基本考核点是：建筑物布置、室外空间组织、路网布局和竖向设计等。附加考核点可以是：停车场、绿地景观及运动场地布置等。由于涉及的要素较多，对每个要素的设计要求，与单项题相比自然要简单一些。例如：虽然也要求布置一个停车场，但规模不会大，也多不会要求设计场内地面排水，以及绿化等更详细内容。因为这些内容完全可以在相关的单项题内安排，以免影响对考生"综合能力"的考查。实际上，由于每个要素在综合题的图面中仅占很小一部分，过于细微的手绘表述也不太可能。

1.4.3　结语

无论是单项题还是综合题，通过归纳分析，均可以总结出每种题型命题依据的基本条件，以及考核的基本要求。

现将场地作图题的基本类型，分析和汇总如表Ⅰ.1.4所示。其中场地剖面试题，既可属于场地人工地貌的竖向表达，也可视为场地的竖向分析。

场地作图题的基本类型 表Ⅰ.1.4

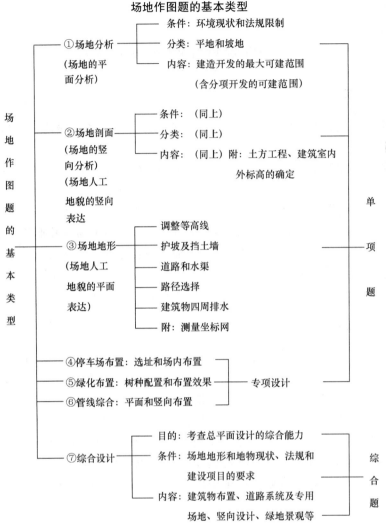

1.5 场地设计作图题解题要旨

1.5.1 仔细审题

为了便于评分，每道场地作图题必然也要有一个"标准答案"。为此，命题依据的各项条件尽量是"唯一"的，而各类有关场地设计的技术规范正是如此。同时，为了约束考生的解题思路，还必须在题目中增加制约条件。针对此两点，考生在复习中一定要多看相关规范，特别是要较熟练地掌握强制性条文；在解题时要仔细审题，特别是图面上的特征物（如古树、山石、遗迹、陡坡、水面等）以及设计要求（涉及规划、日照、风向、防火规范、其他规定等）；还应辨别命题中的干扰点和"陷阱"，避免失误和遗漏。

1.5.2 择易解题

场地设计作图题的答题时间总计为210分钟，满分为100分，及格分为50~60分，每届有所浮动。其中，综合题一道约占 40 分，解题时间约 90 分钟；单项题四道共约占 60 分（每题约 15 分），解题时间约 120 分钟（每题约 30 分钟）。因此，较好的解题顺序和时间分配如下：

首先在既定的时间内，尽量多做容易的单项题（不必顾及次序），解出三道题后（约 40 分），即可转做综合题，这样，只需再得 15 ~ 20 分则可确保及格。千万不要为一道难解的单项题而痛失综合题的解题时间，以致得不偿失。

反之，除非很有把握，一般不要先解综合题，而置单项题于不顾。因为综合题既费时又难得满分，如无两道以上正确的单项题补分，根本不可能及格。

1.5.3 遵守规定

考生解题前一定要看清有关作图规定，并应严格遵守，不可我行我素，标新立异。例如，单项题均有问答题，一定要选填答案，并用 2B 铅笔填涂答题卡，否则计算机评分即为 "0" 分，尽管已经作图，全题仍无分。再如，所有作图均应用黑色绘图笔绘制，若用铅笔或彩笔，即使图面漂亮，仍会被扣分甚至无分。

1.5.4 力戒花哨

最后，要提醒考生的是，布置建筑物、道路、景观、绿化时切忌花哨和复杂化，应以平直、简洁为佳，不然很易失分。须知注册考试不是方案评优，首要目的是 "及格通过"。

1.6 应试辅导书介绍

当前有关场地作图题的辅导书众多，现选主要者简介如下：其中前两者为场地设计的综合性著作，如有时间参阅，可全面系统掌握场地设计的基础知识，不仅有助于工程实践，应试能力也必然提升！

而 1.6.3 和 1.6.4 所列诸书，均为直接针对场地作图题的应试教材，故自然成为建筑师备考的首选。

1.6.1 《建筑学场地设计》. 闫寒著. 北京：中国建筑工业出版社

就场地设计而言，该书是目前最完整、系统、务实和深入的专业著作。此书侧重于提高建筑师场地设计的技术能力，故没有附录任何 "试题"，但对各类 "试题" 的正确解答均能找到最基础的依据，是考生释疑的 "辞典"。

1.6.2 《民用建筑场地设计》. 赵晓光，党春红编著. 北京：中国建筑工业出版社

全书分为概述、设计条件、总体布局、竖向设计、道路设计、绿化设计、管线综合、设计文件编制八章。遵循理论与工程实践并重的原则，以系统的理论知识、规范和标准为指导，通过实例分步演示设计过程、方法和技巧，指出切实可行的设计思路，既可满足建筑师工程实践的需求，也可供考生学习参阅。

1.6.3 **《场地设计作图考题答疑——试题命题与设计实践验证》.耿长孚编著.天津：天津大学出版社**

本书按年份汇编每年的各类试题，是一部始自 1998 年以来场地作图试题的编年史。其对试题的解读与评议颇为独到，令人极受启发。同时，还汇编有 1992 年美国和 1994 年辽宁省场地作图题试题。本书的素材主要源自作者以前编著的《场地设计作图——注册建筑师综合设计与实践检验答疑》和曹纬浚主编的《一级注册建筑师考试教材第六分册 建筑方案 技术与场地设计（作图）（含作图试题）》。

1.6.4 **在以下五大系列辅导丛书内，均有相关的场地作图题分册或章节。相应的内容简介见本书第 II 篇第 1 章表 II.1.1。其中 2、4、5 三项丛书自 2017 年起未见新版。**

1.《一级注册建筑师考试教材》.中国建筑工业出版社

2.《全国一级注册建筑师考试培训辅导用书》.中国建筑工业出版社

3.《全国一级注册建筑师执业资格考试 历年真题解析与模拟试卷》.中国电力出版社

4.《注册建筑师资格考试系列图书》.大连理工大学出版社

5.《全国一级注册建筑师执业资格考试备考速记全书》.北京科学技术出版社

第2章 专 题 研 讨

2.1 失之毫厘 谬以千里
——命题应严谨、解题须谨慎

主笔人曾参与一级注册建筑师资格考试场地设计的命题工作，深感解题难，命题更难！其最大的难点则在于力求正确答案的唯一性。鉴于命题的过程大多是先有答案，然后反向设置条件和要求，而几个命题人的思路和水平毕竟有限，因此总难免有或大或小的疏漏！如果正确答案并不唯一，但评分的"标准答案"却只有一个（特别是采用电脑评分时），势必造成"非标准"的正确答案被判为"错答"，既不合理，更有失公平。因此，确保试题的严谨应是命题者的责任！同时也提示考生，只有在答题前谨慎审题，才能避免失误！经验表明：如能参照选择题的问答内容，对应分析设计条件和任务要求，必能更准确理解命题的意图。

命题的不严谨主要表现为：依据的规范不准确，设计条件自相矛盾、主从未分、缺失不全、表述模糊，命题过难过繁等。以下分别举例说明和讨论。

2.1.1 依据规范不准确

为确保答案的正确性和唯一性，以及避免争议，故要求命题时应准确地以有关的现行国家规范为依据。

1. 例如，试题Ⅱ.5.00和Ⅱ.5.08，在给出的设计条件中，将停车场地面坡度分别定为4.8%和5%，并要求停车位的长向与地面坡度方向的夹角不小于60°。其目的是确保只有停车位长向垂直地面坡向的答案才是唯一正确的答案。此项设计条件的依据源自《车库建筑设计规范》第4.3.9条，但该条规定只适用于斜楼板式汽车库，而非室外停车场。

至于室外停车场的地面坡度，《城市道路工程设计规范（2016年版）》（CJJ 37—2016）第11.2.10条则规定："与通道平行方向的最大坡度为1%，与通道垂直方向的为3%"。《全国民用建筑工程设计技术措施》（简称《技术措施》）表3.2.2也规定停车场地面的适宜坡度为0.25%~0.5%、最大坡度为1%~2%，且第4.5.1条更明确规定："停车场坡度不应超过0.5%，以免发生溜滑。"这些规定虽然并不统一，但无一允许停车场地面坡度可以达到5%的。

综上所述，将停车场的地面坡度定为4.8%和5%，由于缺乏明确的规范依据，故争议较大。

2. 还应提醒的是，命题所依据的规定条文，其限值应是确定的，而不是措词为"宜"、"可"或"不宜"等"允许稍有选择"的数据，以免答案有异，却非错答。例如，《技术措施》第2.6.5条规定，住宅之间的视觉卫生间距"一般不宜小于18m"，就不能作

9

为考核点。因为其值有较大的伸缩余地，且无浮动区限，同时能否用于住宅与公共建筑之间也无明确规定。除非在试题的设计条件中规定该值按18m考虑。

3. 此外，在某些辅导书的例题中，将场地平面的距离尺寸，混同于建筑平面，仍以毫米为单位进行标注。明显违背《总图制图标准》第2.3.1条的规定："总图中的坐标、标高、距离以米单位"。势必造成混乱和误导！

2.1.2 设计条件自相矛盾

由于给出的设计条件自相矛盾，导致答案不可能同时满足相关的要求。因此，所谓的"标准答案"实际是错误的！

例如〈张清编作图题〉3.4.3题的设计条件既规定"将场地改为两级平台（平台排水坡度不计），要求土方量最小"。又规定"残疾人车位平坡通向人行道"。而该书给出的答案，为了满足后条的要求，将第一级台地的标高与给出的人行道标高相同（151.70），相应推算出第二级台地的标高为151.70 + 1.50 = 153.20。但从本书图Ⅱ.5.03 - 3（A）可以看出此时土方量其实最大，与同时要求的"土方量最小"正好相悖。反之，如满足"土方量最小"（如图Ⅱ.5.03 - 3（C）所示），则残疾人车位与人行道之间必有0.75m的高差，应设坡道连接，不可能以"平坡"相通。

因此，本书及其他辅导书中此题的设计条件，在要求"土方量应最小"的同时，均仅要求"残疾人车位缓坡通向人行道（$i \leqslant 1: 2 \sim 1: 8$）"。故二者无矛盾，答案正确且唯一。

2.1.3 设计条件主从未分

将相关的两项设计条件并列叙述、未分主从，从而导致没有答案可以同时满足该两项要求，试题实际无解。如将两项设计条件互为前提，则可分别得出正确且唯一的答案，才是命题者的初衷。

例如，场地剖面试题Ⅱ.4.07的设计条件中规定：

1. "将该地改建为台地，并要求土方量最小且就地平衡运距最短"。

2. "在该台地上拟建建筑C一栋，要求距已建原有建筑A最近"。

但没有答案可以在满足土方量"绝对最小"的同时，又使建筑C距建筑A"绝对最近"。

其正确的表述和答案有两种可供选择：

1. "在改建台地土方量最小且就地平衡的条件下，拟建建筑C距已建建筑A相对最近"。则其唯一正确的答案（A）如图Ⅱ.4.07 - 3所示，也即各辅导书中"共认"的"标准答案"。

2. "在拟建建筑C距已建A最近的条件下，改建台地的土方量应相对最小且就地平衡"。则其唯一正确的答案（B）如图Ⅱ.4.07 - 4所示。

由于前者可能是命题人的初衷，故被定为"正确答案"；而后者则视为"错误答案"，实属冤枉。因为，当给出的设计条件主从关系不明确时，考生必然会因对设计前提条件的理解不同，得出相异的答案，二者并无对错之分，其责任不在于考生。

至于图Ⅱ.4.07 - 5所示的答案C，虽然建筑C距建筑A也最近，但土方量比答案（B）要大（且为土方量的绝对最大值），故可以肯定为"错误答案"。

2.1.4 设计条件缺失不全

设计条件缺失，也即限制因素不全，从而导致一题多解。而预设的"标准答案"却只有一个，其他"非标准"的及格答案则被判为"错答"，必然影响考生成绩。

1. 例如，场地综合设计试题Ⅱ.8.11，由于对篮球场和停车场位置的限制条件不足，最终可生成4个均应视为及格的答案（图Ⅱ.8.11-2~图Ⅱ.8.11-5），但评分标准却只认可图Ⅱ.8.11-2所示者为正确答案，显然有失公平。

2. 又如，在场地综合设计试题中图Ⅱ.8.07-2所示某辅导教材的答案，由于未限定花园的位置，因此可以另外给出如图Ⅱ.8.07-3所示的答案，且更简洁合理，不能视为"错答"。

3. 在停车场试题中，常要求布置管理室和残疾人车位、标明汽车入口及出口的位置。但却未明确给出管理室有无收费功能及收费方式、通往目的地的人行路径，以及场外相通道路的行车状况。以致考生理解不同，答案各异。详见第Ⅰ篇2.3节和试题Ⅱ.5.97、Ⅱ.5.99、Ⅱ.5.01、Ⅱ.5.03、Ⅱ.5.04、Ⅱ.5.06~Ⅱ.5.08、Ⅱ.5.11。

2.1.5 设计条件表述模糊

由于给出的设计条件（措词或图示）不够精确，使考生因解读的取向不同而答案各异。

1. 例如，在〈张清编作图题〉图5.4.12（a）中，给出的场地北部为坡地，已建住宅位于标高5.00和6.00等高线之间。在答案中图中的研究中心则邻近标高4.00等高线，将二者的室外高差定为1m的依据显然不足。但标准答案却以此值计算日照间距，从而确定研究中心的位置。如考生未取此值，则必然失分，实在冤枉。若将标高5.00等高线处改为挡土墙，形成上下高差1m的两个台地，该项设计条件则明确无误，免生多种解读，答案必然唯一。

2. 同样，在试题Ⅱ.3.11的设计条件中，虽有"某坡地上已平整出三块台地"的表述。但在给出的条件图中，由于未明确标注三块台地北界和南界平整后地面的横向坡度。以致三个台地的标高可有两种不同的答案。而且均无概念性错误，其责任不在考生。

3. 再如，试题Ⅱ.5.05为停车场试题。其标准答案为场内无环路，两个出入口直接对外的"U"形车道，"车道贯通"且停车位最多。然而由于"车道环通"才是停车位布置的最优选择，故有的考生不惜减少车位以形成场内环路。该答案虽然也满足"车道贯通"的要求，但因车位减少和周边绿化带宽度有一处不足1.5m，而视为错答。

4. 还有，停车场试题Ⅱ.5.01中，已知城市道路的标高22.00和21.20（m），故在答案图中，与停车场引道相连处的标高应为该两个标高的插入值。故停车场与城市道路的高差不能定为22.00-20.00=2.00（m）。

同理，由于未给出城市道路与人行道的高差，故残疾人坡道引入端的标高，也不能直接用城市道路22.00和21.20（m）之间的插入值。

上述模糊不全的设计条件，必然导致各考生答案中的相关数值不可能一致。

2.1.6 命题过难过繁

场地设计虽然与建筑专业的关系极为密切，但毕竟仍属相关专业。因此命题的深度应以方案及初步设计阶段的总图设计知识为主,对于施工图设计阶段的内容应限于基础知识和概念。同时,试题可以源于工程实践,但应提炼和简化,不能照搬套用,以保证在限时内能够完成。因此过难和过繁的试题都是不合理的。

1. 其中以场地地形试题Ⅱ.3.98最为典型。该试题不仅给出的地形和场地平面复杂,而且要求绘制护坡的范围线。当年几乎无人能在限时内答完,至今的各辅导书中也未见公认的正确答案。

再如,试题Ⅱ.5.12的设计条件,要求停车带按汽车3辆(和自行车20辆)成组布置,组间设1m(和2m)的绿化带。以致制图工作量倍增,但对停车场总体布局能力的考查意义甚微。

2. 前已述及,场地设计中的标高、坐标和距离均以米为单位,在实际工程中更要求标注至小数点后三位(即精确至毫米),且数据多较零碎。但在命题时,为在限时内重点考查场地设计知识,允许简化此类数据。因此,设计条件中给出的标高、距离、等高距、坡度和日照间距系数等应尽量简单、规整,不必追求"工程化"。

在试题图Ⅱ.3.05-6中,要求广场的纵坡和横坡为变值(0.3%~1.0%),导致需多次假定和反复验证后,才能确定合理的标高。该题虽然接近工程实际,但考生在限时内难以完成。

3. 在命题时还应避免以生僻的规范条文作为考核点,因为建筑师对不常用的规定,只要知道应在何处查询即可,不须也不可能全部熟记。

例如,试题Ⅱ.8.11和Ⅱ.8.12中即分别以"甲类厂房与民用建筑的防火间距应≥25m"、"高层建筑与多层民用建筑(耐火等级为三级)的防火间距应≥11m"和"耐火等级二级与三级多层民用建筑的防火间距应≥7m"为考核点。

又如,在试题Ⅱ.4.14中,要求根据《医设规》第4.2.6的规定,高层病房楼与多层门诊楼的距离应为12m,而不是《建规》相应的防火间距9m。

而此类规范数据建筑师并不经常涉及,未免强人所难,实无必要。

2.2 关于场地分析试题中最大可建范围线的讨论

2.2.1 概述

1. 场地分析试题的定性

场地分析试题主要是根据给出的环境与法规条件,绘出该场地平面或剖面的最大可建范围(但后者被纳入场地剖面试题的范畴)。其目的在于对用地的可建范围给予宏观的控制,重在分析拟建与已建建筑的相互影响与制约。故属于设计前期建筑策划的性质。

2. 场地分析试题的内涵

该项工作所依据的环境条件(地形、地质、地貌、地物、风向及日照等)均已基本明确,但在法规条件中除规划退界、防火间距、日照间距外,管线、噪声、卫生、视线、古建与名木等的防护距离,以及建筑密度、绿化率、停车指标等,特别是建筑单体、室外路网及景观等,尚需在方案设计、初步设计和施工图设计阶段逐步深入及协调后才能确定。

由此可知:拟建建筑的最大可建范围线,绝不等于该建筑(一栋或多栋)最终的平面轮廓线。后者尚需根据使用功能、技术条件、规范要求、艺术处理、经济效益等继续综合设计才能定案。但可以肯定的是：后者必然在前者的范围之内，不应突破。也即在最大可建范围线内，不仅要布置一栋或多栋拟建建筑，大多还要布置道路广场、绿地景观等。

3. 场地分析试题的命题原则

（1）应约定俗成的是：拟建建筑的最大可建范围线，基本是根据环境条件，以及规划退界值、日照间距系数和防火间距三项法规数据所限定的区域线，从而成为场地分析试题的基本考核点。当然还可增加其他后期条件作为考核点（如视线、管线、噪声、卫生、古建、名木的保护距离等），但应在试题的设计条件中明确其相应的要求，以及提供生僻的建筑师不必熟记的相关数据。否则考生即可认为不必考虑这些因素。质疑者也不应以这些因素否定答案的正确性和唯一性。

（2）命题人应以规范中必须执行并为固定限值的条文为依据，以确保正确答案的唯一性。而质疑人也不应以非规范条文（如教材）或数值有伸缩余地的规范条文苛求答案。

4. 依据上述几点，仅就历年场地分析试题中，有关最大可建范围线的争议讨论如下。

2.2.2　防火间距的表达

1. 防火间距因建筑类型、建筑的耐火等级、相邻外墙是否为防火墙，以及是否开设门窗等条件而异。因此，在场地分析试题的设计条件中应明确已建和拟建建筑的上述情况。当建筑为三、四级耐火等级时，宜提供相应防火间距的规定值，因该值不需要每个建筑师均应熟记。

2. 已建与拟建建筑防火间距的表达如图Ⅰ.2.2-1所示。由防火间距所限定的可建范围线，应与相邻已建建筑的外墙平行（可为直线或曲线），其间距应为规定的防火间距值；对应已建建筑阳角处的可建范围线，应是以阳角为圆心、以规定防火间距为半径的圆弧。

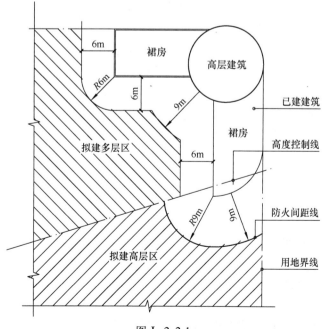

图Ⅰ.2.2-1

有人认为该处应取直角，以利消防车通行，实际并无意义（详见后）。

2.2.3 考虑消防车道通行时的建筑间距

1. 根据《建规》第7.1.8条的规定，消防车道的宽度应≥4m，其路缘距建筑外墙宜≥5m，且距高层和多层建筑无差别。

据此可知：当考虑消防车道时建筑间距宜≥5m＋4m＋5m＝14m。该距离不仅大于高层建筑之间的防火间距13m，更大于高层与多层（或裙房）建筑之间的防火间距9m，以及多层（或裙房）建筑之间的防火间距6m。

2. 若再考虑消防车道在建筑阴角处的通行问题，则更为复杂。因为消防车最小应属于中型车，根据《建筑学场地设计》3.1.13关于汽车回转轨迹及方式的分析：如果在11.19m范围之内，直角式转角处的道路宽度小于6.76m时，中型车是无法通过的（图Ⅰ.2.2-2）。因此，由防火间距所确定的拟建建筑范围线，仅将已建建筑阳角处的弧线改为直角，并不能解决消防车在该处的通行问题。

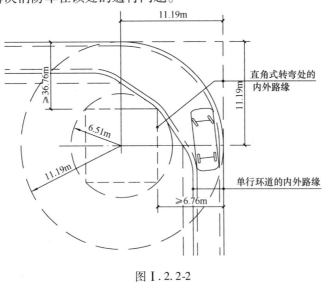

图Ⅰ.2.2-2

3. 综上所述，可知当考虑消防车道通行时，相邻建筑的间距均大于相应的防火间距。但是，由于在设计前期阶段，拟建建筑的平面，以及与其相邻消防车道路网等均未定案，因此无从考虑消防车道通行对建筑间距的实际影响。故在场地分析试题中宜暂不考虑消防车道的通行问题，以便简化试题，确保正确答案的唯一性。如欲作为考核点，则应在设计条件中明确消防车道的位置、相邻建筑的层数、外墙的性质和门窗设置等。

因为，执业资格考试毕竟不是工程设计，在限定的时间内，考核点必须有所取舍，只能重点考查几项知识和能力。

4. 其他

（1）有人根据《建规》第7.1.1条的规定，认为当拟建建筑的可建范围线沿街长度＞150m或周长＞220m时，应设置穿过建筑物的消防车道或设置环形消防车道。但在拟建建筑平面和路网尚未最后定案的情况下，实际难以考虑。

（2）还有人根据《建规》第7.2.1条，要求绘制拟建商住楼高层主体的可建范围线时，应考虑消防车登高操作场地的设置。但在设计条件中并未明确此项要求，以及相应的位置和长度。故考虑此点实无必要。

2.2.4 关于住宅建筑间距的其他规定

1. 根据《城住规》第8.0.2.3条的规定：组团路（相当于消防车道）两侧的建筑间距，当有供热管线时宜≥10m，该值大于高层建筑与多层（或裙房）建筑的防火间距9m和多层（或裙房）建筑之间的防火间距6m；当无供热管线时宜≥8m，该值大于多层（或裙房）建筑之间的防火间距6m。

但由于在设计前期阶段，供热管网尚未布置，故此项规定在场地分析题中应暂不考虑。

2. 鉴于住宅侧面间距的大小对居住区的居住密度影响较大，故《城住规》第5.0.2.3条规定：多层条形住宅的侧面间距宜≥6m，（与防火间距相同）；高层与各种住宅的侧面间距均宜≥13m，该值虽然≥高层建筑之间的防火间距13m，但＞高层与多层（或裙房）建筑之间的防火间距9m。

应注意的是，此条规定仅适用于住宅之间的侧面间距，且其值为"宜"，尚有伸缩余地。故在场地分析题中，如设计条件完全符合并明确规定数值，在绘制拟建建筑的可建范围线时，则应执行。

2.2.5 关于日照间距

1. 日照标准（摘自《通则》第2.0.13条）：

根据建筑物所处的气候区、城市大小和建筑物的使用性质确定的，在规定的日照标准日（冬至日或大寒日）的有效日照时间范围内，以底层窗台为计算起点的建筑外窗获得的日照时间。

（1）住宅的日照标准见《城住规》第5.0.2.1条。老年人和残疾人住宅的卧室、幼托的主要活动用房、医院半数以上的病房、疗养院半数以上的疗养室，以及中小学半数以上的教室等均相应的日照标准，可详见相关的建筑设计规范和《技术措施》第2.4.8条。

（2）为公平起见，在实际工程设计时，"计算起点"不论窗台高低，均取距底层室内地面0.9m高的外墙处；当有日照要求的建筑位于无日照要求建筑的上层时，则从距二者相邻楼面0.9m高的外墙处算起。

为简化计算，在场地分析试题中，均取被遮挡建筑的室内地面（或楼面）为计算起点，不考虑0.9m的窗台高度和底层的室内外高差。

2. 日照间距系数（A）：

根据日照标准确定的房屋间距（L）与遮挡房屋檐高（H）的比值（$A = L/H$）。参见《城住规》第2.0.18条。

（1）该值的原理为以太阳高度角控制日照时数，从而达到日照标准。故不同纬度地区的规划主管部门均各自制定有相应的系数值，以便在规划中对日照间距进行简便的计算和控制（$L = A \cdot H$）。

（2）应注意的是，给出的日照间距系数，仅能直接用于计算正南向平行布置的条形住宅的标准日照间距。当平行布置的条形住宅非正南向时，可根据其偏东或偏西与正南向形成的方位采用不同的折减系数乘以标准日照间距即可。详见《城住规》第5.0.2.2条。

但有的地区规划部门也给出了不同方位的日照间距系数，自然可以直接计算出相应的日照间距。可参见《北京市建筑设计技术细则·建筑专业》第2.2.3条。不言而喻，在场地分析试题中，绘制由日照间距控制的可建范围线时，其拟建住宅均系指正南向平行布置的条件住宅，不考虑同时布置其他朝向的情况（如试题Ⅱ.8.04链接所示）。

（3）当条形住宅不平行布置，以及条形住宅被塔式建筑遮挡时，有的地区也制定有相应的日照间距计算公式，但无全国性的统一规定。故某些此类场地分析模拟试题中，仍沿用平行布置的条形住宅的日照间距系数，显然不妥。

（4）在实际工程设计时，遮挡建筑的檐高（H）应考虑其檐口宽度、屋顶上的连续突出物和坡屋面的影响。但在场地分析试题中均忽略不计。

但当遮挡建筑与被遮挡建筑的室外地面有高差时，或者有日照要求的被遮挡建筑位于无日照要求的建筑物之上时，檐高（H）值均应相应增减。场地分析试题也不能例外。

2.2.6 关于视觉卫生间距

为保证住户的私密性和安全感，布置住宅时应考虑视觉卫生间距。

遗憾的是，在《城住规》5.0.2条虽然规定"住宅间距，应以满足日照要求为基础，综合考虑采光……视觉卫生等要求确定"。并在第5.0.2.3条中又规定"高层塔式住宅、多层和中高层点式住宅与侧面有窗的各种住宅之间应考虑视觉卫生因素，适当加大间距"。但二者均为定性要求而无定量数值。仅在《技术措施》第2.6.5条中规定："居住区住宅建筑应有避免视线干扰，有效保障私密性的措施。窗对窗、窗对阳台防视线干扰距离一般不宜小于18m"。该值仍有伸缩余地，但无方向限制（住宅正南向的日照间距多可达到该值）。如图Ⅰ.2.2-3所示。

至于此规定是否适用于住宅与其他类型的建筑之间，尚不明确。

因此，在场地分析试题中，如考虑此因素，则应在设计条件中明确：已建与拟建住宅的相邻外墙上均开窗、视觉卫生间距按18m计。否则宜明确暂不考虑视觉卫生间距，以确保正确答案的唯一性。参见试题Ⅱ.2.01和Ⅱ.2.10。

2.2.7 关于防噪声干扰距离

在历年场地分析试题中，以防噪声干扰距离为考核点者，均见于确定教学楼的可建范围线时。所依据的规定为《中小学校设计规范》第4.1.6条："学校主要用房设置窗户的外墙与铁路路轨的距离应≥300m，与高速路、地上轨道交通线或城市主干道的距离应≥80m"。以及第4.3.7条："各类教室的外窗与相对的教学用房或室外运动场的边缘间的距离应≥25m。"其中第4.3.7条兼具有防视线干扰的作用。可参见试题Ⅱ.2.99和Ⅱ.2.11。

2.2.8 古树名木的保护距离

《公园设计规范》第3.4.4条规定："单株树同时应满足树冠垂直投影及其外侧5.0m

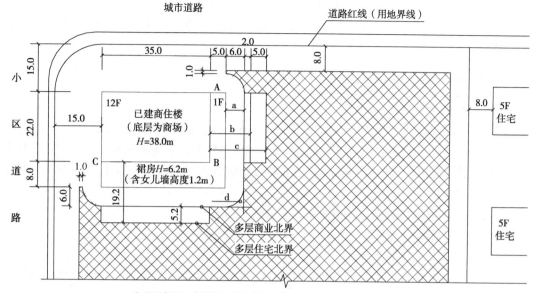

・a为多层商业与多层住宅的防火间距应≥6m
・b为《城市居住区规划设计规范》规定高层与多层住宅之间的距离宜为≥13m
・c为同一规范规定：塔式高层住宅与侧面有窗住宅的间距应考虑视觉卫生因素，
　适当加大间距。《技术措施》规定：宜≥18m
・d处消防车难以通过

图Ⅰ.2.2-3

宽和距树干基部外缘水平距离为胸径的 20 倍以内"。其围合的保护范围显然为曲线，无取直的要求。

以此为考核点的试题，肯定会给出古树名木的位置、树冠范围和树干胸径。而两项保护距离的数值，建筑师多不熟悉，故易失分。

2.2.9 古建筑的保护距离

古建保护范围线的轮廓和距离，由文物部门最后确定，建筑专业尚无相应的规范。因此，在场地分析试题的设计条件中应明确保护距离，以及对应古建筑阳角处的范围线按直角还是按圆弧绘制，以免因理解不同而答案各异（参见试题Ⅱ.2.98 和Ⅱ.2.05）。

2.3 停车场解题要点详析

2.3.1 停车场的选址

1. 城市公共停车场的选址，属于城市规划和市政交通建设的范畴，故不是场地设计（作图）试题的内容。

2. 建设项目用地内停车场的选址，虽然属于场地综合设计试题的内容之一，但系次要考核点，故也比较简单或不涉及。

3. 作为单项题的停车场试题，多为在已给出的停车场用地内，布置出入口、停车位、行车道、绿化带等，不涉及其选址问题。当然，也可在同一地段内，给出多个停车场用地，要求选定合理者，然后再进行详细布置。如试题Ⅱ.5.94、Ⅱ5.97、Ⅱ.5.98和Ⅱ.5.05。

2.3.2 停车场出入口的设置

1. 出入口的数量

根据规范规定：当停车位≤50个时可设1个出入口，否则应设≥2个出入口。由于解题时间有限，故历年试题除Ⅱ.5.97外，停车位均≤100个，故从未出现要求设置≥3个出入口的考核点。但出入口的数量对停车场的布置影响极大，故应首先对1个还是2个出入口进行初步判定。

（1）按〈张清编作图题〉的方法：

停车场用地总面积（m²）÷47㎡/辆＝停车总数（辆）

（2）按本书附录二的方法：

停车场用地的长宽尺寸减去周边及中间停车带处的绿化宽度尺寸后，如≤38m×44m，则为1个出入口，反之则为2个。

（3）因用地平面不规则，或因布置残疾人停车位、管理用房、保留树木，以及防火间距和地面坡度的影响，当估算停车数量超过50辆不多时，继续解题后又可能返回只需设置1个出入口，但及时调整即可。

2. 出入口的定位

（1）出入口不宜直通城市主干道，宜位于次干道或支路上。

（2）出入口通道路缘石转弯处的切点（不是通道的中心线）与场外道路及交通设施的净距如下（宜在试题设计条件中给出）：

1）距交叉路口道路红线（不是路缘石转弯处的切点，更不是道路的中心线）应≥80m（有别于基地汽车出口应≥70m）；

2）距公园或学校的出入口应≥20m；

3）距公交站台或地铁出入口的边缘应≥15m；

4）距过街天桥或地道的引桥或引道应≥50m（有别于基地汽车出入口应≥5m）；

5）距铁路道口最外侧钢轨的外缘应≥30m。

（3）出入口的通道当无其他条件限制时，宜为场内行车道的延伸，以利行车。

（4）出入口场外通路的设置

1）安全及候车距离：出入口处的场地红线距相邻场外道路红线应≥7.5m。

2）出入口场外通路的纵坡应≤5%。

3）在历年试题中，上述规定均在给出的场地平面图内标示，虽个别试题有误或从略，但因不是考核点，故对解题无影响。

4）通视要求：对于单车道的出口和双车道出入口的出口，在二者出车道的中心线上，以距场地红线向后2m处为视点，向外120°范围内应无视觉障碍物（详见〈张清编作图题〉图3.1.3）。

在历年试题中，仅场地分析试题Ⅱ.2.03有此考核点。

（5）入口与出口的定位

1）当入口与出口均位于停车场的一侧，且场外为单向行车道时，则沿车行方向近者为入口，远者为出口。右转或左转进出均可保证进出车流互不交叉（图Ⅰ.2.3-1）

2）当两个出入口均位于停车场的一侧，但场外为双向行车道时，则在右侧行车道上，近者为入口，远者为出口。同时应在入口的前方设置供左侧车流掉头进入右侧行车道的转向口。以满足场外车流和停车场进出车流均不交叉，以及右转进出停车场的原则（图Ⅰ.2.3-2）

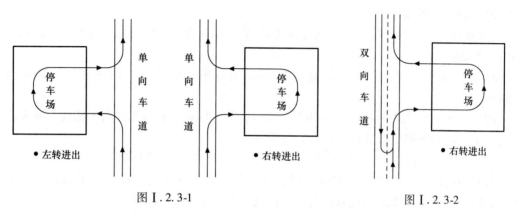

图Ⅰ.2.3-1   图Ⅰ.2.3-2

3）当入口和出口分别位于停车场的两个邻边或对边，且各自通向场外道路时，城市车流情况和制约因素复杂（详见《建筑学场地设计》第3.1.5节），已超出试题的考核范围。故在历年试题的设计条件中均明确相关要求，用于入口或出口的定位。可参阅试题Ⅱ.5.09、Ⅱ.5.12和Ⅱ.5.17。

3. 出入口的宽度

（1）当仅设1个出入口时，其宽度为7m，恰与场内行车道宽度相同。

（2）当入口和出口分别设置时，其宽度均为5m。

（3）上述宽度虽与规范定值稍异，但在历年试题中已成共识，一直未变。

4. 出入口的间距

当入口和出口分别设置时，二者相邻通道路缘石转弯处切点之间的距离（不是通道中心线间的距离）应≥10m（与汽车库出入口的间距15m有别）。但由于出入口通道与场外道路连接处的转弯半径应≥6m，故该间距宜≥12m（两个转弯半径之和）。对此，在试题的设计条件中宜明确为好，以免发生争议。

2.3.3 停车场内停车带与行车道的布置

历年停车场试题在相关规范规定的基础上，将设计条件和数据有所微调（多在解题条件中明确和图示），从而简化了绘图和计算，以利专注于考核点的测评。

1. 停车位的布置

（1）限于布置小型车。仅在试题Ⅱ.5.10中出现过应同时布置中型车的要求。

（2）停车方式

1）应优先采用垂直式停车（且为后退停车、前进发车），因其用地最省和发车方便。

2）其次可采用平行式停车（多由于条件所限）。

3）斜列式停车在历年试题中尚无先例。

4）应尽可能合用一条行车道，在其两侧布置停车位。

（3）小型车停车位的尺寸

1）垂直式停车时为3m×6m（规范最小值为2.4m×5.3m）。

2）平行式停车时为3m×8m（规范最小值为2.4m×6.0m）。

2. 行车道的布置

（1）行车道的宽度

1）垂直式停车时，行车道的宽度为7m，恰与双车道出入口同宽（后退停车时规范最小值为5.5m）。

2）平行式停车时，行车道的宽度为5m，恰与单车道出入口同宽（规范最小值为3.8m）。

（2）行车道的布置原则：应采用与进出口行驶方向相一致的单向行驶路线，避免场内车流交叉。故行车道应首选环通式，避免尽端式。

1）当为1个出入口时，环通式行车道易形成回环路径（图Ⅰ.2.3-3）。

只有当场地受限或停车位≤20个时，可考虑尽端式行车道（详见本书附录二之四）。此时，因系双车道故无法避免双向行驶，以及尽端停车位停发不便。

在历年试题中，仅场地地形试题Ⅱ.3.96和场地综合设计试题Ⅱ.8.98中出现过此类停车场。但均给出了图示和尺寸，前者只需确定场地标高，后者只需定位即可。

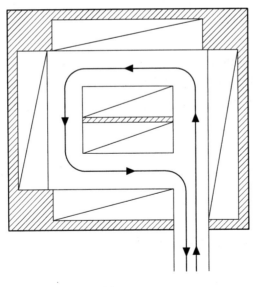

图Ⅰ.2.3-3

2）当为2个出入口，且出口与入口位于场地同侧时，环通式行车道宜形成半回环路径，偶尔会因继续寻找停车位，其ab路段需逆向行驶（图Ⅰ.2.3-4）。

3）当场地条件特殊，且出口与入口位于场地异侧时，可采用穿越式行车道（图Ⅰ.2.3-5）。

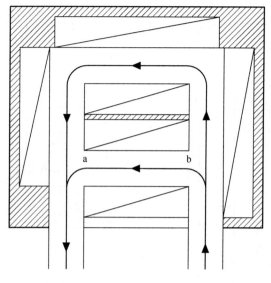

图 I.2.3-4

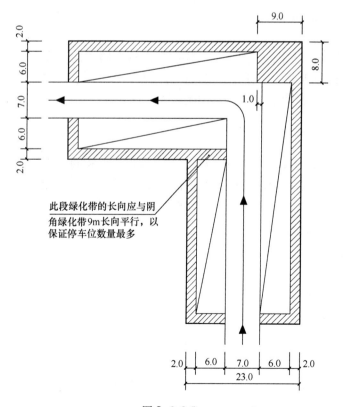

此段绿化带的长向应与阴
角绿化带9m长向平行，以
保证停车位数量最多

图 I.2.3-5

(3) 两点提示

1) 当为环通式行车道时，应避免将转角处的绿地改为尽端式停车（图Ⅰ.2.3-6和Ⅰ.2.3-7）。因其并不能增加停车位，反而导致尽端车位停发不便。而且绿化面积减少，车道面积增加，得不偿失。

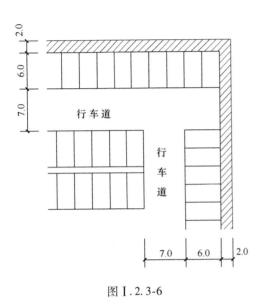

图Ⅰ.2.3-6   图Ⅰ.2.3-7

2) 历年停车场试题中，虽然无要求绘制场内行车路线的考核点，但对其应单向行驶和环状路径优先的原则要心中有数，从而有备无患。

3. 关于停车场布置的基本模式详见附录二。

2.3.4 残疾人停车位的布置

1. 残疾人停车位的尺寸仍为$3m×6m$，与普通停车位相同。

2. 每个或两个停车位之间应设1个轮椅通道，其宽度规范规定应≥1.2m，但试题均为1.5m，恰为车位宽度的1/2。且要求的停车位数量也多为偶数，以便与普通停车位的尺寸相匹配，以利简化计算和绘图。

3. 残疾人停车位的位置应靠近欲到达的目的地，且宜邻近停车场的出入口和管理用房。

4. 由于轮椅路径不得与场内行车道交叉，故残疾人停车位的后方（必要时包括停车位侧面）的绿化带应改为轮椅通道，以便直接通往场外道路的人行道或欲往场所的出入口。

5. 残疾人停车位处的地面应平整、防滑、不积水，其坡度应≤2%（详见本节之五）。

6. 上述规定详见《无障碍设计规范》第3.14.2和3.14.3条。

2.3.5 停车场的地面坡度

1. 停车场地面和最小坡度为0.3%，以利于地面排水。但地面排水已属于施工图设计范畴，且不是停车场试题的主要考核点。因此，仅在早年辽宁省试点考试中出现过（试题Ⅱ.5.94），其后则未见。

2. 停车场地面的适宜坡度为：平行行车道方向的纵坡宜为1%，垂直行车道方向宜为3%。

3. 停车场地面允许的最大坡度，未见规范明确规定。故有人认为可参照《车库建筑设计规范》第4.3.9条关于斜坡式停车区的要求，地面坡度应≤5%，且停车车位长向中线与地面坡向的夹角应≥60°即可。据此，试题Ⅱ.5.00、Ⅱ.5.08和Ⅱ.5.14均将地面坡度设定为4.8%和5%（>3%），用于限定该区域内只能布置与地面坡向垂直的停车位。

4. 残疾人停车位处的地面坡度应≤2%，以确保安全。为此，试题Ⅱ.5.08和Ⅱ.5.13均将地面坡度分为大于和小于2%的两个区域，用以限定残疾人停车位的位置。而试题Ⅱ.5.14的地面坡度均为5%，却仍然要求布置残疾人停车位，显然不妥。

5. 至于在停车场内设置台地并用坡道相连的试题，因已涉及场地剖面设计的主要考核内容，且难度较大，有违单项题的命题原则，故仅见于早年试题Ⅱ.5.03。

6. 综上所述，可知历年停车场试题的地面多不设定坡度，其目的在于简化试题和突出主要考核点。

2.3.6 绿化带的布置

1. 沿停车场用地红线的内侧多要求留出≥2m的绿化带，但车辆和人行出入口以及残疾人停车位处可不设。

（1）车辆出入口处不设绿化带，仅指5m或7m宽的车行道范围内，并非指出入口两侧的绿化带也可以取消。同理，人行出入口也仅限通行宽度范围内可不设绿化带（参见试题Ⅱ.5.17之评析与链接）。

（2）残疾人停车位后方（必要时包括一侧）的绿化带应改为轮椅通道，且与车位间的轮椅通道相连，用以保证轮椅的路径不与场内行车道交叉。

2. 在停车场用地的阴角处，绿化带多扩大至不小于8m×9m。用于保证两个停车带的相邻处有≥1m的净距，避免停车时碰撞（图Ⅰ.2.3-7）。

当停车场为不规则时，位于阳角处的相邻停车带之间也应增设≥2m的绿化带（详见图Ⅰ.2.3-5）。

3. 场地中间为背对停车带时，二者之间要求布置≥1m的绿化带。

4. 当停车场试题内有保留树木时，其投影范围内应为绿地，不得布置停车位。其目的多为减少总停车位数量≤50辆，以确保只能设置1个出入口。

5. 上述绿化带的设置要求，在试题设计条件中均给出并附图。

2.3.7 管理用房的布置

管理用房应位于停车场的出入口处，以利方便调度和管理。

1. 当停车场只有1个出入口时，管理用房应位于出入口出车车流的一侧。

2. 当停车场有两个出入口时，管理用房宜在出口出车车流的左侧，便于人工收费和与司机交谈。

3. 管理用房宜邻近残疾人停车位，便于照顾。

4. 在试题中常以上述要求为设计条件，限定出入口的位置，确保答案的唯一性。如试题Ⅱ.5.14所示。

同时，管理用房的平面尺寸，多有一个方向长6m，与停车带尺寸相协调，便于布置和绘图。

2.3.8 防火间距

1. 停车位间的防火间距

（1）车位宜分组设置，且每组宜≤50个，每组之间的防火间距宜≥6m。

（2）场地中间为背对背双排停车带时，应核实该组停车总数是否≤50辆，否则应增设≥6m的行车道。

（3）场地内布置有平行停车带，且相邻行车道宽度＜6m时，应核实该停车带与相对停车带车位之和是否≤50个，否则该行车道应加宽至≥6m。

（4）场地周边停车带转角处多为≥（8m×9m）的绿地，其相邻车位之间可视为满足防火间距，但未见规范明确规定。

（5）由于历年试题除试题Ⅱ.5.97外，停车数均≤100辆，故均未出现上述考核点。其目的在于减少绘图量，满足解题时限。

2. 停车位与建筑物的防火间距

鉴于考试的命题范围基本限于民用建筑（且多为一、二级耐火等级），故停车位与建筑物的防火间距多按以下要求执行：

（1）停车位与场内管理用房的防火间距不限。

（2）停车位边缘（不是停车场的用地红线）距场外建筑相邻外墙的防火间距应≥6m。但距停车位地面高度≤15m的范围内，且该外墙为无门、窗、洞口的防火墙时，其防火间距不限。

为避免误解，在历年试题的设计条件中，多明确要求该防火间距均按≥6m计算。

3. 相关规定详见《汽车库、修车库、停车场设计防火规范》第4.2.1、4.2.3和4.2.10条。

第 II 篇

分类汇编历年试题
剖析各书同题异解

第1章 概　　述

1.1　真假说试题　纵横论教材

自 1996 年举行一级注册建筑师资格考试以来，由于应试者备考的时间和精力有限，因此参加考前辅导讲座和阅读应试教材成为速成的首选。特别是鉴于当前建筑师参与场地设计工程实践的机会极少，该科的应试能力只能通过辅导学习获得。

目前仅针对场地作图题的应试教材即达 9 册（其中 7 册分属 5 部系列丛书，详见表Ⅱ.1.1），现综合评述如后。

1.1.1　编写的基本框架有两类：一类为基础知识在前，例题在后；另一类则仅汇编例题。两类中除〈耿长孚编考题〉外，均根据考试大纲（表Ⅱ.1.2）和历年试题的类型划分章节，以利思考和对应实战。而各书均自成体系力求完整，多无涉及他书的横向评述与链接。本书及〈耿长孚编考题〉则属例外。

1.1.2　各书的例题除少量自编的模拟题外，均以历年试题为主。因其源自实战、切中考试脉搏，故形成需求优势，各书无不选录。其中尤以下列两书最具代表性：

一者为〈耿长孚编考题〉。该书汇编了 1998 年以来的试题，先按年序分章，再编录同年的各类试题，逐题解答评析且立论独到。可称为场地作图题的编年史，故颇受关注。

二者为〈张清编作图题〉。该书聚焦于 2003 年以来的试题，但与前者不同，先按题型分章，再逐年汇编该型试题，更便于备考阅读。同时将解题过程分步图示解读，逻辑清晰、简明易懂。可称为场地作图题的专项史，故颇受青睐。

1.1.3　然而关键问题为：由于国家不公布试题的原文和标准答案，因此各书所谓的"试题"文本均为各自复原而成；所谓的"标准答案"也系自编自演。从而导致在 1994 ~ 2013 年 9 册应试教材中，平均同一道试题和答案，不仅在 5.3 册中重复，而且其中 47% 大同小异或差别极大（表Ⅱ.1.3）。对此同题异解的纷杂局面，考生多无暇考证、难辨正误，势必陷入困惑与失措！

1.1.4　可喜的是，在停考两年之后，2017 年恢复出版的上述 9 册辅导教材仅有 5 册续出新版，体现了优中选优的量减。

同时，各书均淘汰了自编的模拟题，集中选用历年（特别是 2003 年之后）的试题。而且由于命题日益严谨，以及编者复原和解答也更准确，故各书同题异解的现象大量减少，从而避免了读者的困惑和节省了精力！

但是，各书编写的切入点、体例、推理和表达仍各具特色，反而更能适应读者的不同需求。可谓异途同归，使辅导教材的整体质量明显提升！

場地作図題応試教材匯覧 表Ⅱ.1.1

书名	丛书	—	一、二级注册建筑师考试丛书	
	代号	①	②	③
	全称	场地设计作图考题答疑——试题、命题与设计实践验证	一级注册建筑师考试教材 第六分册 建筑方案 技术与场地设计(作图)(含作图试题)	一级注册建筑师考试场地设计(作图)应试指南
	简称	耿长孚编考题	曹纬浚编作图	陈磊编指南
作者		耿长孚	曹纬浚主编	陈磊 赵晓光
出版社		天津大学出版社	中国建筑工业出版社	
内容提要		● 本书为1998年以来场地作图题的编年史。以年份为序,汇编当年的各类试题 ● 此外尚提供1992年美国试题6道和1994年辽宁省试题3道	● 第三十章为场地设计(作图) ● 第一节为场地设计作图简述 ● 第二节~六节为场地作图试题解析。按场地分析、场地剖面、停车场、场地地形、场地设计分类汇编	● 按题型分为五章:场地分析、场地地形、场地剖面、停车场、场地综合设计 ● 每章前阐述基本知识和规范规定,章末小结知识要点、熟记数据与公式 ● 每章的例题根据共性再次归类汇编 ● 例题均为试题
评述		● 思路开阔,常能给出多个答案 ● 评析深入,并能质疑和链接他书 ● 编年体例对择类复习者稍感不便	● 每节均有考点归纳和应试要领,题后均附有提示	● 基础知识简明全面 ● 平地上的场地剖面试题划入场地分析,个别场地地形试题划入场地剖面
书名	丛书	全国一、二级注册建筑师考试培训辅导用书		注册建筑师资格考试系列图书
	代号	④(2017年起无新版)	⑤(2017年起无新版)	⑥(2017年起无新版)
	全称	7 建筑方案设计 建筑技术设计场地设计(作图)	全国一、二级注册建筑师考试模拟题解·2·(作图)	一级注册建筑师资格考试场地设计模拟作图题
	简称	注册网编作图	注册网编题解	任乃鑫编作图
作者		住房和城乡建设部执业资格注册中心网		任乃鑫
出版社		中国建筑工业出版社		大连理工大学出版社
内容提要		● 第三章为场地设计(作图) ● 第一至七节为基础知识 ● 第八节为例题。分为场地分析、场地选择、场地绿化、场地规划、开发范围、交通及工程系统、场地要素、场地设计综合练习	● 第三章为场地设计(均为例题) ● 按题型分为6节:场地分析、场地剖面、停车场、场地地形、场地布置、场地综合设计	● 全书均为例题 ● 按题型分为5章:场地分析、场地剖面(含管线综合)、停车场、场地地形、场地综合设计
评述		● 例题多与书⑤重复 ● 例题未按试题题型归类,不够系统	● 多为2001年以来的试题 ● 无绿化布置、管线综合例题	● 每题除解答提示外,尚有参考评分标准 ● 例题多与书⑤重复

续表

书名	丛书	一级注册建筑师考试备考速记全书	历年真题解析与模拟试卷	—
	代号	⑦（2017 年起无新版）	⑧	⑨
	全称	建筑方案设计、建筑技术设计、场地设计（作图）	场地设计（作图题）	一级注册建筑师考试场地作图题汇评
	简称	研究组编作图	张清编作图题	本书
作者		全国一级注册建筑师执业资格考试研究组	张清	教锦章　陈景衡
出版社		北京科学技术出版社	中国电力出版社	中国建筑工业出版社
内容提要		● 第 3 章为场地设计（作图） ● 分为 5 节：场地分析、竖向设计、管道综合、停车场与道路、广场与绿化布置。每节以图表和口诀分项汇总基础知识	● 第 1~5 章按题型分为：场地分析、场地剖面（含管道综合）、停车场、场地地形、场地规划设计（含场地布置） ● 每章前介绍设计要点、规范要求及解题一般步骤 ● 多为 2003 年以来的试题 ● 第 6 章为模拟题共 4 道	● 分为第 Ⅰ、Ⅱ篇及附录篇 ● 第 Ⅰ篇为综述与专题研讨 ● 第 Ⅱ篇汇编 1994 年以来的试题，除答案外，重在评析和链接他书 ● 附录篇为通用解题模式
评述		● 基础知识的介绍简明扼要，较有特点 ● 例题较少且多自本书转录	● 解题过程分步图示，简明易懂，独具特色 ● 聚焦十余年以来的全部试题，选题集中	● 2003 年以来的试题和答案索引⑧，本书仅进行评析和链接，两书互通互补 ● 评析各书中的同题异解，可阅一知十，形成横向剖视，系本书最大亮点

场地设计（作图题）考试大纲摘录与解读　　　　　　表 Ⅱ.1.2

年份	1995 年	2002 年
原文	着重检验应试者的规划设计能力和实践能力，对试题能作出令人满意的解决，包括场地布置、竖向设计、道路、广场、停车场、管道综合、绿化布置等，并符合法规规范，不着重于绘图技巧	检验应试者场地设计的综合能力与实践能力，包括场地分析、竖向设计、管道综合、停车场、道路、广场、绿化布置等，并符合法规规范
解读	● 2002 年考试大纲较 1995 年者更简明扼要。其中将检验"规划设计能力"改为"场地设计综合能力"尤为确切 ● 与考试大纲对应的试题类型现分为：场地分析、场地地形、场地剖面、停车场、管道综合、绿化布置、场地综合设计，共 7 类。其中场地地形和场地剖面同属竖向设计。道路、广场的平面布置和竖向设计则分别酌情在场地地形、场地剖面和场地综合设计中考查。场地布置并入场地综合设计中考查	

| 9 册书中试题编录情况分析（1994~2013 年） | | | | | 表 II.1.3 |

年份	试题数量	各书重复编录情况		其中同题异解情况	
		试题共计	重复率	试题共计	所占比例
	A	B	B/A	C	C/B
1994（1 年）	3 道	8 道	2.7 倍	5 道	63%
1996~2001（6 年）	36 道	116 道	3.2 倍	67 道	57%
2003~2013（11 年）	55 道	377 道	6.9 倍	164 道	44%
总计（18 年）	94 道	501 道	5.3 倍	236 道	47%

1.2 剖析各书同题异解——本书再定位

各应试教材中出现同题异解的原因有三：其一，复原"试题"的设计条件彼此有异，"答案"自然不同；其二，设计条件虽同，但自编的"答案"有误；其三，原试题给出的设计条件本身即不严密，导致答案实际多解。

为此，本书决定调整视角，重新定位：以梳理各应试教材中同题异解试题为切入点，以横向链接为己任，将各自为战的纵队，整合为协同作战的方阵。使考生通过对同题异解原因的剖析，在比较中去伪存真，识得试题的真谛。

据此，自本版起将原书中的历年试题分类汇总、独立成篇，以便对照各书评析同题异解，达到阅一知十、解惑贯通的目的。形成本书与众不同的最大亮点！

1.3 关于本篇编写体例的几点说明

1.3.1 本篇仍按题型分章，每章又以 2003 年为界分为两节：

前一节为 1994 和 1996~2001 年的试题。并以本书的试题和答案为"基准"，链接其他各书的同题状况和评析异解。至于以本书为"基准"的原因，则在于主笔人曾参与1996~2001 年的命题工作，对信息有所了解，但仍不能保证绝对准确。

后一节为自 2003 年以来的试题。其试题和答案改为以〈张清编作图题〉为基准（本书索引其题号，考生需阅读原文）。链接其他各书的同题状况和评析异解，则仍由本书担当。至于以〈张清编作图题〉试题与答案为"基准"的原因，仅在于该书的编写体例和内容与本书一致，题解表达清晰，题号固定便于查阅。而不是对该书试题和答案的完全肯定，因其仍不乏欠妥和失误之处。对此，本书同样给予评述。

1.3.2 每节前均列有该类试题各书同题解答对照表。表中以"V"相同、"X"稍异、"XX"不同和"—"无此题，四种符号分别表示该题解答在各书中的状况。其中"稍异"和"不同"的解答，则在本书的链接中阐明。

不言而喻，通过此表，考生即可总览该类试题在诸年份内各书的编录情况，对不同的解答一目了然——变纷杂为有序、解困惑为顿悟！

遗憾的是，由于其他各书每版的试题常有增减，题号随之变化，故不便标注各书的同题题号。使欲深入探讨的考生稍感不便。

而本篇试题的题号则由"篇号．章号．年号"组成，如"Ⅱ.3.01"即表示：第Ⅱ篇第3章（场地地形）2001年的试题。题号固定，无变动之忧。

1.3.3　各章之后增加试题分类索引，以利于读者不拘于年份，改为按表集中对同类试题进行阅读和演练，从而迅速掌握解题思路和规律。

第2章 场 地 分 析

2.1 2003 年以前的试题

场地分析试题各书解答对照（2003 年以前）　　　　　　表Ⅱ.2.1

书名	简称	本书 （第Ⅱ篇）	耿长孚 编考题	曹纬浚 编作图	陈磊 编指南	注册网 编作图	注册网 编题解	任乃鑫 编作图	研究组 编作图	张清编 作图题
	代号	⑨	①	②	③	④	⑤	⑥	⑦	⑧
年份及 题号	1994 年	未考此类题								
	1995 年	停考								
	1996 年	Ⅱ.2.96	—	—	V.	—	—	—	—	—
	1997 年	Ⅱ.2.97	—	—	X.	—	—	—	—	—
	1998 年	Ⅱ.2.98	X	同①.	—	同①	—	X	—	—
	1999 年	Ⅱ.2.99	X	同①.	—	同①	—	—	—	—
	2000 年	Ⅱ.2.00	X	—	—	—	—	—	—	—
	2001 年	Ⅱ.2.01	X	—	X.	—	同③	同③	—	V
	2002 年	停考								
说明		试题、答案、 评析、链接	其他辅导书的同题解答：—无此题　V 相同　X 稍异　XX 不同（X 和 XX 者在本书的链接中阐述）·新版删除此题							

■ 场地分析试题Ⅱ.2.96

【试题】

一、比例：见图Ⅱ.2.96-1（单位：m）。

二、设计条件

1. 在城区内建设办公楼一座，用地范围及四邻现状如图Ⅱ.2.96-1 所示。

2. 规划要求沿北街的裙房部分可压道路红线建设，且 20m 以内可与相邻的已建高层建筑联建。东街、南街的沿街建筑应后退道路红线 5.0m。

3. 用地东南角有一人防通道通过，距其两侧 15.0m 范围内不得修建建筑物。用地北部有一地下人行通道出入口。

4. 拟建建筑部分需考虑与已建高层建筑的防火间距（二者相对墙面均按开窗考虑）。

三、任务要求

1. 绘出拟建建筑的最大可建范围，用 ⬚⬚⬚ 表示。

2. 在该范围内绘出高层建筑的最大可建范围用 ⬚⬚⬚ 表示。

3. 注出有关尺寸。

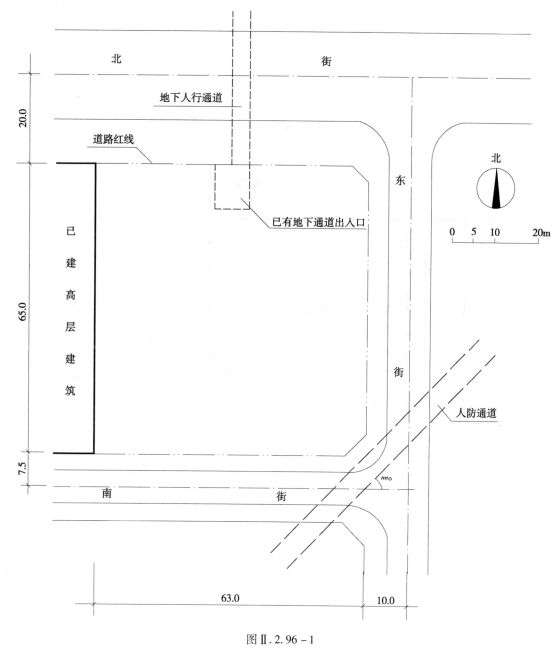

图Ⅱ.2.96－1

【答案】作图答案见图Ⅱ.2.96－2。

【考核点】

本试题较为简单,只要按设计条件细心作图即可正确解答。其考核点有三:建筑与道路红线的关系、建筑防火间距和地下工程的防护距离。

【提示】

1. 人行通道出入口可保留在拟建建筑内,故不影响可建范围。此设计条件实际是命

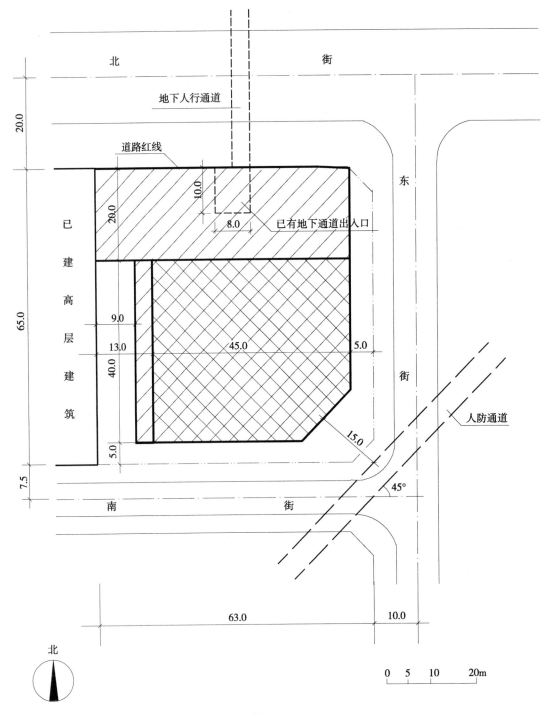

图Ⅱ.2.96－2

题人故作的"陷阱"。

2. 根据"设计条件4",拟建建筑与已建高层建筑间不是防火墙相对,故其防火间距按《建规》表5.2.2应分别为9m和13m,否则根据该表注2~4,防火间距可为4m甚至不限。

3. 高层建筑区也可建低层建筑，故两类建筑范围线应叠加，否则要失分。

4. 只绘图未注或漏注相关尺寸也要被扣分。

【评析与链接】

1. 难度适中 ★★★☆☆。

2. 地下人行通道出入口的设置较为勉强。

3. 最易疏忽的是：距西侧已建高层建筑防火间距9m处为裙房最大可建范围线。

4. 仅〈陈磊编指南〉曾有此题，且与本书同。

■ 场地分析试题 Ⅱ.2.97

【试题】

一、比例：见图Ⅱ.2.97－1（单位：m）。

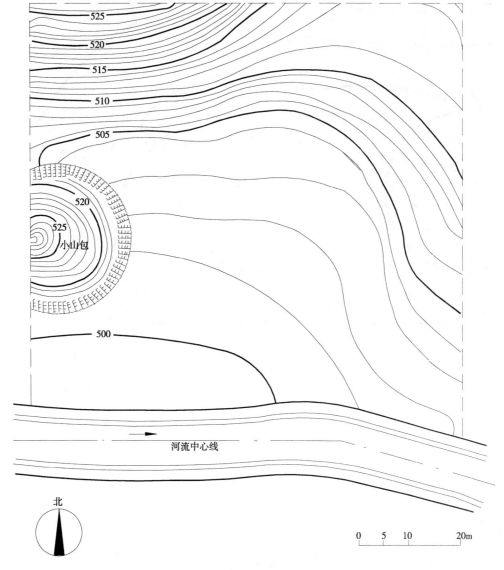

图Ⅱ.2.97－1

二、设计条件

1. 某用地等高线如图Ⅱ.2.97－1所示，为了不破坏自然地貌，规定自然坡度＞20%处，不得作为建筑用地。

2. 距河流中心线15m范围内为绿化用地。

三、任务要求

在该平面图上绘出可建用地的最大范围，并用 ⟍⟍⟍⟍⟍ 线表示。

【答案】

作图答案见图Ⅱ.2.97－2。

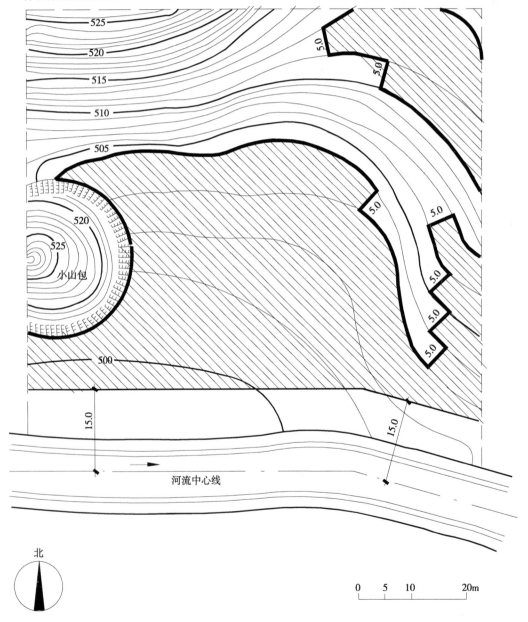

图Ⅱ.2.97－2

【考核点】

本题主要考核根据地形坡度限制，绘出最大可建用地范围。

【提示】

1. 在已知 1：500 的地形图中，等高距为 1m，故 ≤20% 坡度处，其等高线间距应 ≥ 5m。据此，在图中量找出等高线间距等于 5m 处，连线即可得最大可建范围线。

2. 注意不要遗漏东北角处的不可建地块。至于中间小山包，坡度极陡，明显不可能为可建用地。

3. 根据"设计条件 2"，河道的防护距离，应据已给的河流中心线量出，不必顾及河岸线的形状。

【评析与链接】

1. 难度较低 ★★☆☆☆。

2. 模仿美国试题，且更为简单，但在东北角设置了"陷阱"。

3. 仅〈陈磊编指南〉曾有此题，但答案与本书的可建范围线轮廓稍异，因其对设计条件有所修改：

(1) 将原地貌图中的"小山包"改为"保留树丛"；等高线形态也有所变化。

(2) 原河流改为水库。原沿岸的可建范围线，系根据给出的绿化带宽度求得。而该书改为：根据给出的洪水位标高再加上 0.5m 求得。

■ 场地分析试题 Ⅱ.2.98

【试题】

一、比例：见图 Ⅱ.2.98－1（单位：m）。

二、设计条件

某平坦场地如图 Ⅱ.2.98－1 所示，其南面和东面为已建办公楼和住宅，业主拟在用地内修建多层住宅和低层别墅。

城市规划部门对建设的要求如下：

1. 建筑控制线：西面和北面分别后退道路红线和用地界线 5m；东面和南面后退用地界线 3m。

2. 距小河中心线 5m 范围内和距古亭 8m 范围内不得作为建筑用地。

3. 当地日照间距：多层住宅为 1：1.2，低层别墅为 1：1.7。不考虑古亭的日照间距。

三、任务要求

1. 在用地平面图上，绘出拟建多层住宅和低层别墅的最大可建范围，并标注尺寸。

2. 多层住宅可建范围用 ▨ 表示；低层别墅可建范围用 ▧ 表示，二者均可建处斜线叠加。

【答案】见图 Ⅱ.2.98－2。

【考核点】

1. 建筑控制线与道路红线或用地界线的关系；

2. 古建筑的保护距离；

3. 河道的防护距离；

4. 日照间距。

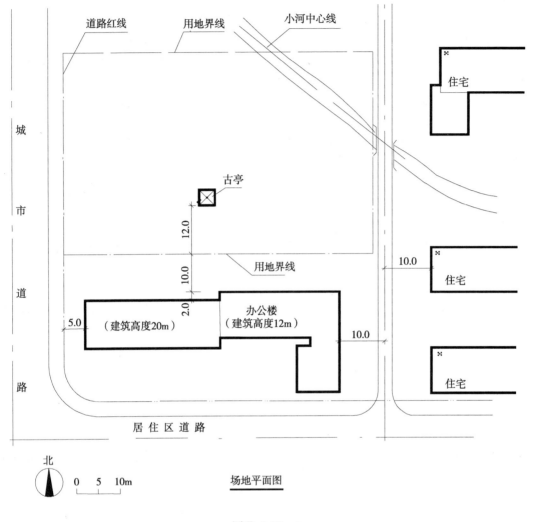

图 II . 2. 98 – 1

【提示】

1. 根据图中已建办公楼的高度和"设计条件3"（日照间距值），可以绘出多层住宅可建范围的南边线距已建办公楼为 $12m \times 1.2 = 14.4m$ 和 $20m \times 1.2 = 24.0m$。

2. 同理可以绘出低层别墅可建范围的南边线距已建办公楼为 $12m \times 1.7 = 20.4m$ 和 $20m \times 1.7 = 34.0m$。应注意该范围线在东南角应下降至距用地南界3m处，因此处无办公楼遮挡。

3. 环古亭的可建用地范围线在古亭四角对应处应为圆弧线，其圆心为古亭角点，半径为保护距离8m。

4. 在东北角处不要遗漏三角形可建用地，尽管其面积很小，实用意义不大，但在理论上是存在的。

【评析】

1. 难度适中★★★☆☆。

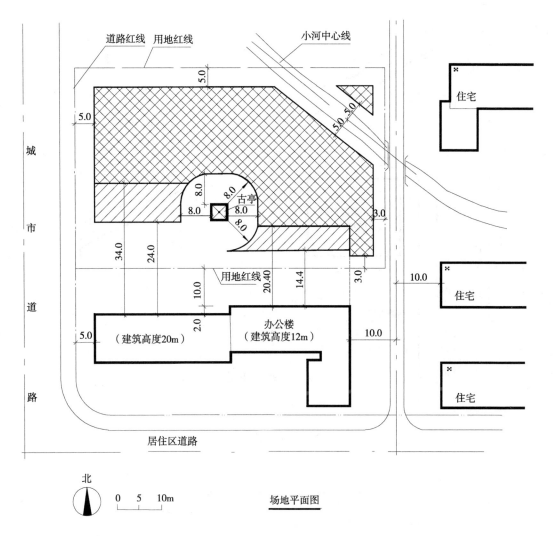

图 Ⅱ.2.98－2

2. 东北角三角形可建用地的"设置",显然模仿美国试题。

3. 古亭的保护范围线在理论上应为圆角,但实际工程多取直角,故其他应试教材多按后者绘制。如设计条件明确说明,则可避免多解。

■ 场地分析试题 Ⅱ.2.99

【试题】

一、比例:见图 Ⅱ.2.99－1(单位:m)。

二、设计条件

1. 已知某小学教学区如图 Ⅱ.2.99－1 所示,其中南部有已建教学楼(3 层高 12m),西北角建有行政楼(10 层高 36m),小河以北为体育用地。

2. 在该教学区空地内拟建教学楼和图书馆各一幢,高度均<24m,且均为条形长边朝南向布置。

3. 规划部门要求拟建的教学楼和图书馆应退后道路红线或用地界线 5m,距河道中心

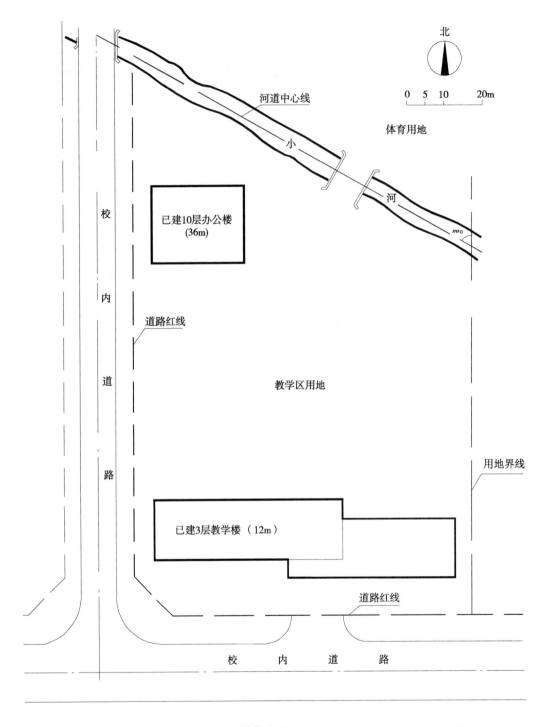

图 Ⅱ.2.99－1

线两侧 15m 范围内为绿化用地。

4. 拟建与已建建筑的相对墙面均按开窗考虑。

三、任务要求

1. 画出拟建教学楼和图书馆的最大可建范围,教学楼可建区用 ⧄ 表示,图书馆

可建区用 ⬚⟋⟋⟋ 表示（两者均可建时，线条叠加），并注出相关尺寸。

2. 拟建教学楼和图书馆与已建建筑的间距应满足相应《建筑设计防火规范》和《中小学校建筑设计规范》的要求。

【答案】

作图答案见图Ⅱ.2.99-2。

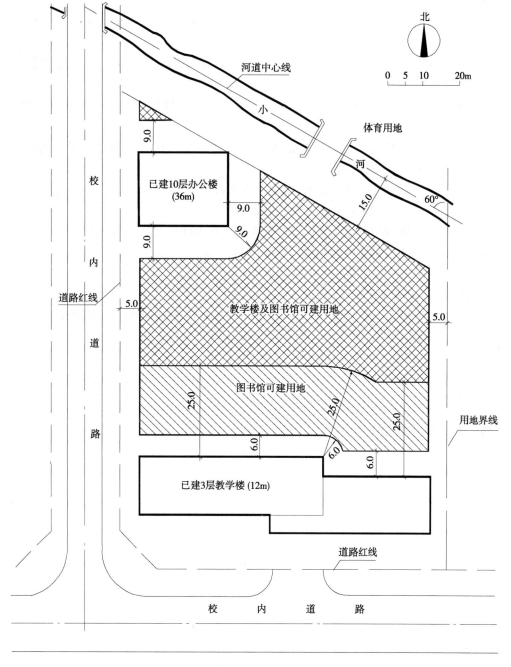

图Ⅱ.2.99-2

【考核点】

1. 防火间距;

2. 教室长边相对和距体育用地的最小间距;

3. 建筑与道路红线和用地界线的关系;

4. 建筑退河道的防护距离。

【提示】

1. 根据"设计条件1、2"和《建筑设计防火规范》第5.2.1条,图书馆可建区南界距已建教学楼6m。

2. 根据"设计条件1、4"和《中小学校建筑设计规范》第2.3.6条,教学楼可建区南界距已建教学楼25m。

3. 根据"设计条件1、2"和《建规》第5.2.2条,教学楼及图书馆可建区距行政楼9m。

4. 注意距已建建筑转角处的可建范围线应为圆弧线,其圆心为已建建筑的转角点,半径为规定的防火间距或最小距离。

5. 根据"设计条件3",沿河两侧绿化用地宽15m×2＝30m,符合《中小学校建筑设计规范》第2.3.6条关于教室长边距体育用地不小于25m的规定。

6. 教学楼可建区内均可建图书馆,故前者范围内网线应叠加。

7. 西北角有一块三角形可用地,不要遗漏。

【评析与链接】

1. 难度适中 ★★★☆☆。

2. 本题与试题Ⅱ.2.98相似,只是将拟建的多层住宅和别墅改为图书馆和教学楼,考核点中的日照间距随之变为教学楼间的防护间距。西北角处易被忽略的三角形用地,更是美国试题的"故技重演"。

3. 其他应试教材与本书答案的不同点为:在绘制由防火间距控制的最大可建范围线时,将阴角处的圆弧改为直线,似不妥(详见第Ⅰ篇2.2.3)。

■ 场地分析试题Ⅱ.2.00

【试题】

一、设计条件

1. 某城市沿湖滨路有一用地,拟在用地内规划建设场地2.5hm²,其余留作城市绿化,如图Ⅱ.2.00－1所示。

2. 湖中已建有一座城市雕塑。

二、任务要求

1. 考虑城市干道A、B点视线景观,合理划分建设场地和城市绿化用地范围。

2. 建设场地应为完整一块,用地内已有树木树冠范围内不得占用,并满足2.5hm²的面积要求,建设场地用粗实线画出范围。

【答案】

如图Ⅱ.2.00－2所示。

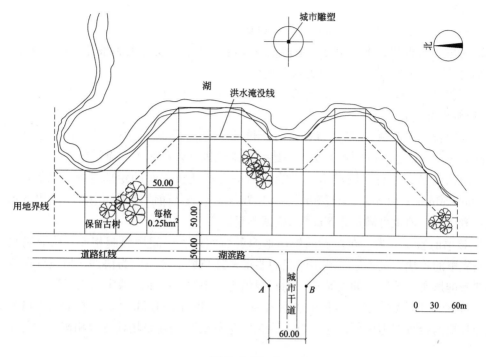

图Ⅱ.2.00－1

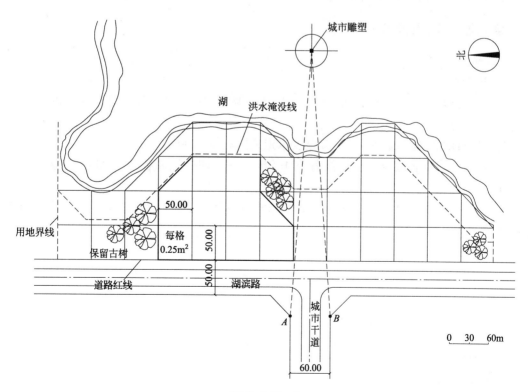

图Ⅱ.2.00－2

43

【提示】

1. 每个方格的面积为 0.25hm², 故建设场地应占 10 格。

2. 考虑景观视线、不占用已有绿地, 以及退后洪水淹没等限制条件, 连接网格交点, 可得左侧建设场地为 10 格, 右侧者仅 9.5 格。

3. 根据"应为完整一块"的要求, 建设场地应位于左侧。

【评析与链接】

1.〈耿长孚编考题〉答案一认为: 右侧的建设场地面积虽差 0.5 格, 但可用洪水淹没线与网格交点连线之间的面积补足, 将建设场地范围线外移至洪水淹没线处即可。

然而欲满足该条件, 则洪水淹没线与网格交点连线之间的距离应 $\geq$ (2500m² × 0.5) ÷ (50m + 50m × 1.41 × 3) = 1250m² ÷ 261.5m = 4.78m。而设计条件中并未给出此值, 故肯定右侧建设场地也可满足 2.5hm² 的依据不足。

2. 该书的答案三为: 在左右两侧用地内各建实体, 中间用门洞相连。从而满足建设场地为完整的一块, 又不遮挡城市雕塑的要求, 且与场地环境较为协调。但设计条件中未明确雕塑的形态和尺度, 如较高耸, 则门洞仍遮挡视线。故不能认定为正确答案。

3. 至于该书将建设场地对称分居左右两侧 (面积各为 1.5hm²) 的答案四, 虽然城市景观布局更为合理。但就题论题, 与"应为完整一块"的建设场地要求相悖, 故答案无可比性。

4. 其他应试教材均未涉及此题。

■ 场地分析试题 Ⅱ.2.01

【试题】

一、设计条件

1. 某单位有一用地, 其北部已建 6 层住宅一幢, 拟沿街建一座不超过 4 层的综合楼, 见图 Ⅱ.2.01 - 1。

2. 当地日照间距系数为 1.0, 规划要求退道路红线 5.00m。

3. 综合楼建筑底层及二层层高各为 4.50m, 三、四层层高各为 6.00m, 柱网 6.00 × 6.00m。

4. 综合楼外墙要求落在柱网上, 不考虑外墙厚度, 建筑高度按层高计算, 不考虑室内外高差及女儿墙高度。

二、任务要求

1. 画出综合楼最大可建范围, 并用 ▨ 符号表示, 综合楼的高度、层数, 用数字表示;

2. 计算出综合楼最大可建建筑面积;

3. 作图及面积计算均以轴线为准。

【答案】

见图 Ⅱ.2.01 - 2。

【考核点】

1. 日照间距。

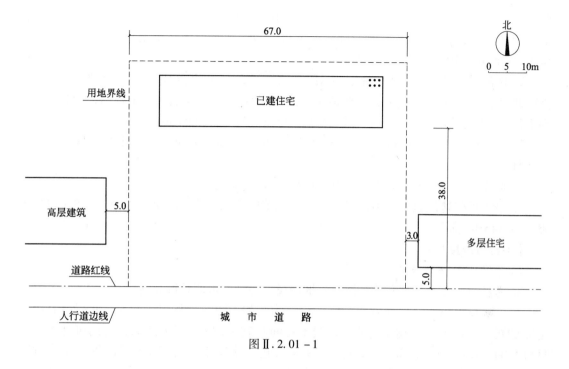

图Ⅱ.2.01-1

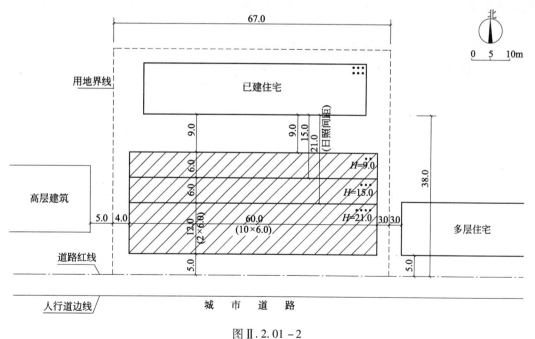

图Ⅱ.2.01-2

2. 防火间距。

3. 建筑控制线。

【提示】

1. 拟建综合楼总高 $4.5 \times 2 + 6 \times 2 = 21m$ 属低层建筑, 其最大可建范围线东距用地界线应为 3m，以保证与相邻多层住宅的防火间距为 6m；同理西距用地界线应为 4m，以保证与相邻高层建筑的防火间距为 9m；最大可建范围线东西向长度则为 67 - 3 - 4 = 60m，恰为 10 个 6m 柱距。

2. 南侧最大可建范围线按规划要求距道路红线 5m。以此线向北以 6m 柱距平行画线，则距北侧已建住宅最小为 3m，但此值小于防火间距 6m，故应退回 1 个柱网，即相距 9m，则不仅大于防火间距且满足一、二层总高 4.5 × 2 = 9m 的日照间距值。

3. 向南再退 1 个柱距 6m，其间可建三层，因其层高也为 6m，符合日照间距系数 1:1，故无日照遮挡。

4. 同理可知南侧剩余的 2 个柱距（12m）均可建四层。

5. 最大可建建筑面积（不是最大可建用地范围面积）为：60 × （24 × 2 + 18 + 12） = 60 × 78 = 4680（m²）

【评析与链接】

1. 难度适中 ★★★☆☆

2. 考核点不多，数据和计算简单，推理设计巧妙，可谓难得好题！

3. 〈耿长孚编考题〉作者进一步讨论认为：如考虑《全国民用建筑工程设计技术措施》的规定，与北侧已建住宅的防视线干扰间距宜 ≥18m，则拟建综合楼的可建范围则只有 60m × 12m（图 Ⅱ.2.01 - 3）。但该《措施》毕竟不是《规范》，且条文为"宜"，故尚可商榷。但为保证答案的唯一性，在设计条件中增加"暂不考虑防视线干扰间距"为好。

4. 〈陈磊编指南〉曾有此题，但设计条件有变，如已建建筑位于用地界线之外，且距离已知；拟建商场限定 2 ~ 3 层，柱网为 9m × 9m；日照距离系数为 1.5；退道路红线为 10m。故答案不同，无可比性。

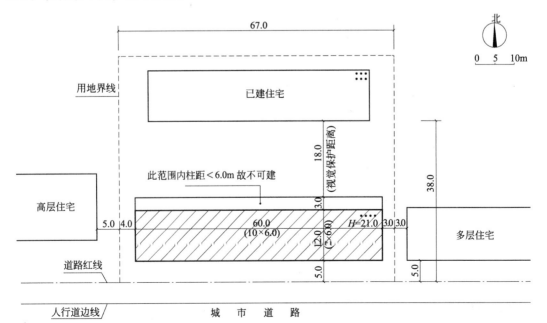

图 Ⅱ.2.01 - 3

2.2 2003年及以后的试题

场地分析试题各书解答对照（2003年及以后）　　表Ⅱ.2.2

书名 （简称）	张清编 作图题	本书 （第Ⅱ篇）	耿长孚 编考题	曹纬浚 编作图	陈磊编 指南	注册网 编作图	注册网 编题解	任乃鑫 编作图	研究组 编作图
代号	⑧	⑨	①	②	③	④	⑤	⑥	⑦
2003年	1.4.2	Ⅱ.2.03	V	—	—	—	X	同⑤	—
2004年	1.4.3	Ⅱ.2.04	V	—	V	—	—	—	—
2005年	1.4.4	Ⅱ.2.05	X	同①	V	—	V	V	V
2006年	1.4.5	Ⅱ.2.06	X	同①	V	V	V	V	—
2007年	1.4.6	Ⅱ.2.07	V	V	V	X	V	V	—
2008年	1.4.7	Ⅱ.2.08	V	V	X	X	同④	同④	—
2009年	1.4.8	Ⅱ.2.09	XX	V	V	V	—	V	X
2010年	1.4.9	Ⅱ.2.10	XX	V	V	V	—	V	—
2011年	1.4.10	Ⅱ.2.11	X	同①	V	V	V	V	—
2012年	1.4.11	Ⅱ.2.12	XX	V	V	V	V	V	—
2013年	1.4.12	Ⅱ.2.13	X	V	V	—	—	X	—
2014年	1.4.13	Ⅱ.2.14	X	V	X	—	—	V	—
2017年	1.4.14	Ⅱ.2.17	—	V	V	未	出	新	版
2018年	1.4.15	Ⅱ.2.18	—	V	V	未	出	新	版
说明	试题 答案	评析 链接	其他辅导书的同题解答：— 无此题　V 相同　X 稍异　XX 不同（X和XX 在本书的链接中阐述）						

■ 场地分析试题Ⅱ.2.03（同〈张清编作图题〉1.4.2）

【评析与链接】

1. 难度适中 ★★★☆☆。

2. 易错点为：没有考虑出车路口的通视要求，综合楼可建范围的东南角未作切角。

3. 根据《民用建筑设计通则》第5.2.3-2条和《城市居住区规划设计规范》第8.0.5条的规定，综合楼东侧应按有出入口考虑，其外墙距车行道西侧路缘应≥2.5m，即原车行道东侧路缘距汽车库4m应改为3m。

4. 在其他辅导教材中，由于汽车库西侧出车路的宽度，以及该路与汽车库的距离各异。导致综合楼可建范围东南切角的尺寸变化，面积也随之不同，但均不能视为错答。

■ 场地分析试题Ⅱ.2.04（同〈张清编作图题〉1.4.3）

【评析与链接】

1. 难度适中 ★★★☆☆。

2. 易错处为：拟建建筑与已建商店的最小距离，应取该处日照间距与防火间距的较大值。

3. 其他辅导教材的答案均同。有人认为应考虑住宅可以东西向布置，因此只要满足冬至日照1h且符合防火间距的地块也应计入最大可建范围内（如图1.4.3（c）和（g）所示）。但约定俗成的是：在规划条件中，给出的日照间距系数均系指南北朝向平行布置的板式住宅而言。否则应根据住宅偏东或偏西的方位进行间距折减计算，对于塔式住宅也有相应的计算规定。因此，为确保答案的唯一性和简化试题，在设计条件中可明确"均按板式住宅南北朝向平行布置"，则可避免歧义、节外生枝。

■ **场地分析试题Ⅱ.2.05**（同〈张清编作图题〉1.4.4）

【评析与链接】

1. 难度适中 ★★★☆☆。

2. 易错点为：应知9层住宅仍属于低层建筑防火设防范围，否则按高层建筑考虑防火间距，必错无疑。

3. 面积计算太复杂，最多只计算3层或10层住宅一种可建范围面积即可，何必求二者之差？

4. 其他辅导书中的此题，多将用地范围加大，故高低层住宅可建范围的面积差值亦异。还有的答案将碑亭的保护范围线按直角绘制。但题意均同。

■ **场地分析试题Ⅱ.2.06**（同〈张清编作图题〉1.4.5）

【评析与链接】

1. 难度适中 ★★★☆☆。

2. 考核点既有布置原则，又有数值计算，结合较好。

3. 关键在于首先应正确确定传染病房的位置，因其应位于下风向，以及应远离地下水源和人流频繁量大的主干道，但又应能直接对外，故只能位于用地的西北角。

4. 拟建病房楼属高层建筑，与多层已建门诊楼的防火间距应为9m。

5. 其他应试教材的答案与本书基本相同。仅有的解答认为，在已建门诊楼东北角处，9m消防间距的弧形通路，应改为9m×15m的直角通路，以利消防车通行。有待商榷详见本书第Ⅰ篇2.2节。

■ **场地分析试题Ⅱ.2.07**（同〈张清编作图题〉1.4.6）

【评析与链接】

1. 难度适中 ★★★☆☆。

2. 本题无新意，只要沉着细心，按部就班绘图和计算，即可顺利完成。

3. 南北地面高差2.5m，是本题的最大"陷阱"。而已建建筑（A）两个不同高度部分平面错位6m，恰为二者高差5m的1.2倍（日照间距系数），则是本题的妙笔！

4. 用地东南角处多层住宅的最大可建范围线最易漏画。

5. 其他辅导书与本题的差别在于：用地范围或已建建筑的平面尺寸不同，故最大可建范围线的形状和面积各异，但不影响主要考核内容。其中有的答案，西北角已建高层建筑的防火间距线不是圆弧，尚存争议。

■ 场地分析试题Ⅱ.2.08（同〈张清编作图题〉1.4.7）

【链接】

其他辅导书的答案，由于给出的用地和建筑尺寸、高度、位置不同，故答案的图形和数值均有变化，但并无实质性的差异。其中〈陈磊编指南〉答案变化较多，如图Ⅱ.2.08所示。

■ 场地分析试题Ⅱ.2.09（同〈张清编作图题〉1.4.8）

【链接】

1.〈耿长孚编考题〉的答案主要有以下不同：

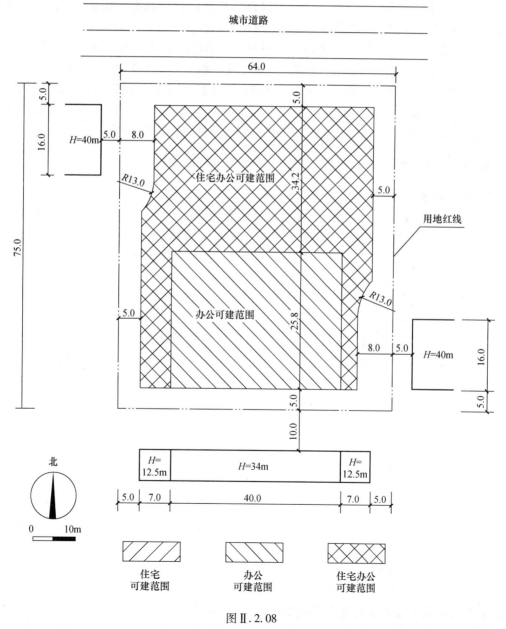

图Ⅱ.2.08

49

（1）考虑了住宅间的防视线干扰距离。

（2）根据规范的要求，已建商住楼的侧面与其他住宅的间距为13m。

（3）商业裙房转角处对应的弧形可建范围线改为直线，以利消防和普通车辆通行。

有关上述作法的讨论详见本书第Ⅰ篇2.2节第三、四、六条。

2.〈研究组编作图〉此题给出的场地和建筑尺寸有异，故可建范围线的轮廓及尺寸不同，但题意未变。其他辅导教材的答案均同本书。

■ 场地分析试题 Ⅱ.2.10（同〈张清编作图题〉1.4.9）

【评析与链接】

1. 关键在于：考生应对《中小学校建筑设计规范》比较熟悉，知道教学楼应有日照要求，以及记得防噪声距离的限值，否则很难迅速解答。

2. 计算教学楼与办公楼可建范围的面积差过于繁琐，大可简化。例如只计算 S_6 处的面积差，不仅简单也可验证答案的正确性。从而使一般考生均可在限时完成解答。

3.〈耿长孚编考题〉认为：沿城市道路的教学楼最大可建范围线，应按实测噪声计算所需间距，故其答案的间距为25m（似参照运动场的防噪要求）。另：在可建范围线阴角处，由消防间距控制时，均按直角绘制。其他应试教材的答案均同本书。

■ 场地分析试题 Ⅱ.2.11（同〈张清编作图题〉1.4.10）

【评析与链接】

1. 在解题时，最好先画拆除既有建筑后的可建范围线（方案二）。否则由于既有建筑仍在图面上并未消失，导致极易漏掉既有建筑 AB 处和 DE 右侧方案一防火间距部分的面积。

2. 两方案面积差的计算意义不大，繁琐易错，一般考生很难在限时内完成。如根据图形直接计算差值可能更快些：

$$(18.6+8.5)\times20+(18.6-14.3)\times30+(7.5+3-5)\times9+9^2\times3.14\div4$$
$$=542+129+49.5+63.6=784.1\approx784m^2$$

3.〈耿长孚编考题〉的答案认为：对于方案一，当"既有建筑"为商业时，其东山墙与拟建高层住宅的距离为防火间距9m；如为住宅时，其距离应按《城市居住区规划设计规范》的规定为13m。因设计条件未明确"既有建筑"的类别，故有两种解答。但后者依据的规范限值为"宜≥13m"即可，且是否如此考虑，尚待商榷（详见本书第Ⅰ篇2.2节）。其他应试教材的答案均同本书。

■ 场地分析试题 Ⅱ.2.12（同〈张清编作图题〉1.4.11）

【评析与链接】

1. 根据给出的设计条件，高层主体 10m 以下也为商业裙房。如误解为住宅，则其可建范围线南侧与已建住宅⑥对应部分的日照间距应为 $18m\times1.5=27m$。则此处正确答案的范围线需后退 2m（27m－25m）。

2. 还有人认为，应将该处高层住宅可建范围线南侧的裙房取消，以满足高层建筑应设置消防扑救面的规定。然而可建范围线并不等于拟建建筑最后确定的平面轮廓线。因此，在设计前期阶段无法确定消防扑救面的位置和长度。

3. 其他辅导书此题的答案均同本书。

■ **场地分析试题 Ⅱ.2.13**（同〈张清编作图题〉1.4.12）

【评析与链接】

水泵房西南角处的可建范围线最易画错（正确答案应如〈张清编作题图〉图 1.4.12
（e）和（f）所示）。〈耿长孚编考题〉和〈任乃鑫编作图〉的此处即交代不够清晰。〈陈
磊编指南〉的答案与本书同。

■ **场地分析试题 Ⅱ.2.14**（同〈张清编作图题〉1.4.13）

【评析与链接】

1. 设计条件中应增加："拟建多层商业建筑不考虑作为裙房与拟建高层住宅合建"。如无此
限制，则拟建多层商业建筑的高度为 24m 时，拟建高层住宅与南侧已建高层建筑的日照间距将
减少 24m×1.5＝36m。故拟建高层住宅的可建范围最大，其面积可达 4000m²（图Ⅱ.2.14）。

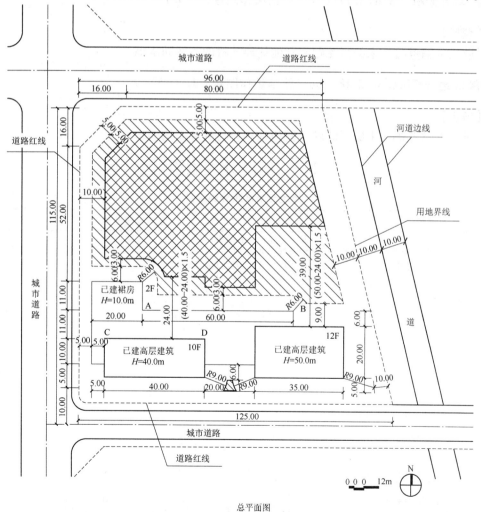

总平面图

图Ⅱ.2.14

2. 拟建多层商业建筑的最大可建范围，沿用地南侧的中央和东南角尚有两处零星用地，极易忽略！〈耿长孚编考题〉和〈陈磊编指南〉的答案均遗漏。详见〈张清编作图题〉图 1.4.13（c）和（d）。

3. 鉴于选择题 4 仅要求计算拟建高层住宅最大可建范围的面积"约为"多少㎡。因此在计算 S_3 面积时，所需的个别尺寸可以按比例度量，不必计算其精确值，详见〈张清编作图题〉图 1.4.13（f）。

可以量得三角形 S_3 的直角边长度约为 10m，则 S_3 的面积约为 $10m \times 10m \div 2 = 50m^2$，与 S_3 面积的精确值 51.44m^2 之差，并不影响对总面积正确值 $S = 1830m^2$ 的选定。

甚至可以不必考虑减去 S_3 的面积，直接用 $S_1 + S_2 = 1080m^2 + 800m^2 = 1880m^2$ 对比选择题 4 中的 A（1560m^2）和 C（2240m^2），即可知正确值应为 B（1830m^2）。

4. 〈耿长孚编考题〉选择题 1 的答案，误将拟建高层住宅最大可建范围线与已建裙房的间距，按防火间距定为 A（9m）。正确答案应按日照间距定为 C（$10m \times 1.5 = 15m$）。

■ 场地分析试题 II.2.17（同〈张清编作图题〉1.4.14）

【链接】

〈耿长孚编考题〉未编写此题。其他辅导教材的答案同本书。

■ 场地分析试题 II.2.18（同〈张清编作图题〉1.4.15）

【链接】

〈耿长孚编考题〉未编写此题。其他辅导教材的答案均同本书。

2.3 试题分类索引

场地分析试题分类索引 表 II.2.3

试题分类		拟建建筑及题号
在平地上绘出拟建建筑的最大范围线	仅一种拟建建筑	某建设用地：II.2.00 综合楼：II.2.01（1.4.1） 汽车库：II.2.03（1.4.2） 住院部：II.2.06（1.4.5）
	同一限高的两种建筑	高层住宅与办公：II.2.08（1.4.7） 高层住宅与商业：II.2.09（1.4.8） 多层教学楼与图书馆：II.2.99 多层教学楼与办公：II.2.10（1.4.9）
	不同限高的一种建筑	高层与多层办公：II.2.96 多层与低层住宅：II.2.98 高层与多层住宅：II.2.04（1.4.3）、II.2.05（1.4.4） II.2.07（1.4.6） 多层与低层商业：II.2.17（1.4.14）
	不同限高的两种建筑	高层住宅与多层商业：II.2.12（1.4.11）、II.2.14（1.4.13）
	一种建筑的地上与地下层	办公建筑：II.2.13（1.4.12） 高层住宅：II.2.18（1.4.15）
	既有建筑是否拆除	高层住宅：II.2.11（1.4.10）
在坡地上绘制可建用地的最大范围线		II.2.97
		参见：场地地形 II.3.08（4.3.8）、II.3.17（4.3.15） 场地剖面 II.4.97

第3章 场地地形

3.1 2003 年以前的试题

场地地形试题各书解答对照（2003 年以前） 表Ⅱ.3.1

书名	简称	本书 （第Ⅱ篇）	耿长孚 编考题	曹纬浚 编作图	陈磊 编指南	注册网 编作图	注册网 编题解	任乃鑫 编作图	研究组 编作图	张清编 作图题
	代号	⑨	①	②	③	④	⑤	⑥	⑦	⑧
年份及 题号	1994 年	未考此类题								
	1995 年	停考								
	1996 年	Ⅱ.3.96	—		—			—		—
	1997 年	Ⅱ.3.97	—		XX.	—		V		—
	1998 年	Ⅱ.3.98	X	同①.	XX	—	—	同①	—	—
	1999 年	Ⅱ.3.99	V	V.	X		X	同⑤	—	—
	2000 年	Ⅱ.3.00	V							X
	2001 年	Ⅱ.3.01	X		X			—	—	X
	2002 年	停考								
说明	试题、答案、 评析、链接	其他辅导书的同题解答：—无此题　V 相同　X 稍异　XX 不同（X 和 XX 者在本 书的链接中阐述）·新版删除此题								

■ 场地地形试题 Ⅱ.3.96

【试题】

一、比例：1:500（单位：m）

二、设计条件（见图Ⅱ.3.96-1）

1. 某山区道路北侧为人行道和排水沟。

2. 设计的观景台位于道路北侧的山腰上，其地面四角的设计标高为 100.3m，并通过蹬道跨过排水沟与人行道相连。

3. 道路南侧设计停车场一座，其纵轴南北两端的地面设计标高分别为 97.2m 和 97.8m。

三、任务要求

1. 修改等高线使停车场内的地面坡度为 2%，并保证雨水仍可排入两侧的自然冲沟。

2. 修改等高线以形成观景台，并保证雨水沿其两侧的自然冲沟流入排水沟。

3. 均不得设置挡土墙。

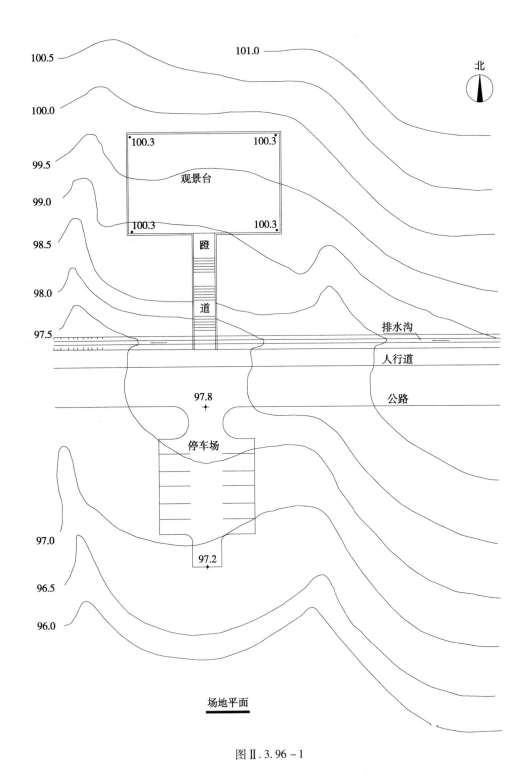

北

100.5　　　　　101.0

100.0

100.3　　　　100.3

观景台

99.5

99.0

100.3　　　　100.3

98.5

蹬

98.0

道

排水沟

97.5

人行道

97.8

公路

停车场

97.0

97.2

96.5

96.0

场地平面

图Ⅱ.3.96－1

【答案】

作图答案见图Ⅱ.3.96－2。

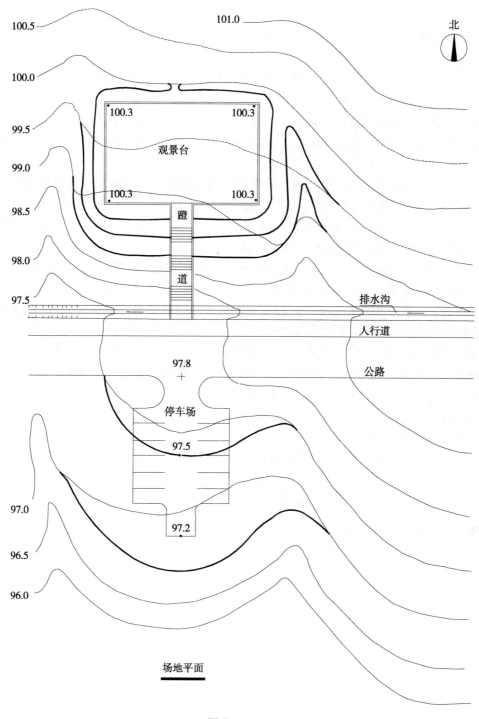

图Ⅱ.3.96-2

【考核点】

通过修改等高线形成要求的地形：

1. 一定坡度的地面；

2. 平坦的台地；

3. 排除雨水的冲沟。

【提示】

1. 欲保证停车场地面坡度为2%，必须修改穿过停车场的97.5m和97.0m两条等高线。

（1）根据停车场已知的97.8m和97.2m标高点，可求出97.5m新等高线在停车场纵轴上的位置。以此点为底点画向低方向凸出的曲线与两侧原有97.5m等高线相接，即形成新的97.5m等高线。

（2）原等高线的等高距为0.5m，欲使停车场地面坡度为2%，则等高线间距应为0.5m÷0.02＝25m。沿停车场纵轴，由其上新的97.5m标高点，向下量25m，可得97.0m新等高线的控制点。以此点为底点画基本平行于97.5m新等高线的曲线，并与两侧原97.0m等高线相接，即形成新的97.0m等高线。

（3）新旧等高线相接点的位置，应尽量不破坏停车场两侧自然冲沟的原生形态。

2. 欲形成观景平台，必须修改99.0、99.5m和100.0m三条等高线。

（1）由于观景平台的地面标高为100.3m，大于上述三条等高线的标高值。故修改后的三条新等高线应位于观景平台的两侧和下方。

（2）为形成要求的雨水通路，新等高线尚应在观景平台两侧形成冲沟。特别是100.0m新等高线还应绕至观景台的上方，形成谷顶，截流高处流下的雨水，并引向两侧的冲沟内。至于谷顶的位置，不一定在中间，偏一侧也可以。

【评析】

1. 难度适中 ★★★☆☆。

2. 本题的停车场部分明显出自前述的美国试题，观景台部分也可在美国《风景建筑学场地工程》一书中找到原型，只是均加以简化而已。

3. 答案中如能加注排水谷顶的标高则更完善（如可为100.1m）。

■ **场地地形试题Ⅱ.3.97**

【试题】

一、比例：见图Ⅱ.3.97－1（单位：m）。

二、设计条件

1. 拟在某山坡上建纪念碑一座，场地现状如图Ⅱ.3.97－1所示。

2. 纪念碑广场为35m×35m的方形，四角设计标高相同，中部向外微坡，以使雨水流入广场四边内侧的暗沟内排出。

三、任务要求

1. 确定纪念碑广场四角的设计标高，应使土方量基本平衡。

2. 画出广场四周的护坡线（高：宽＝1:2），并注明四角处的坡宽。

3. 在保留原有树木和地势走向的条件下，调整广场两侧的地形，以形成排水凹谷，使雨水不流入纪念碑广场。

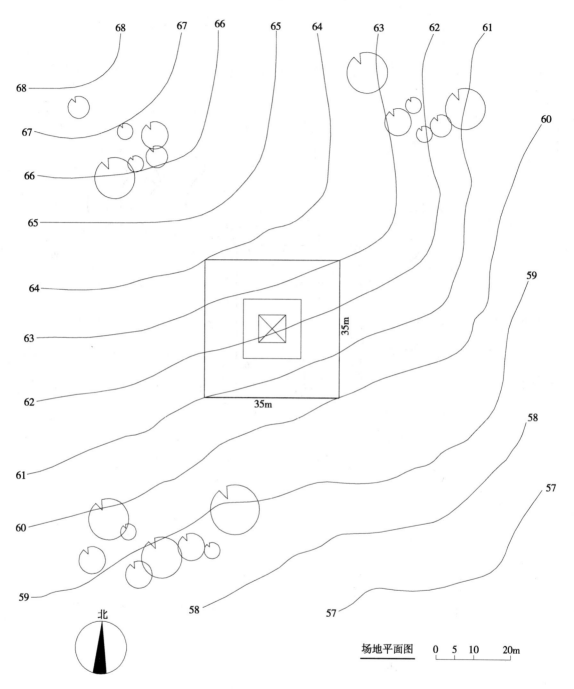

68 67 66 65 64 63 62 61

68

67

66

65

64

63

62

61

60

59

58

57

60

59

58

57

35m

35m

北

场地平面图 0 5 10 20m

图Ⅱ.3.97-1

【答案】

作图答案见图Ⅱ.3.97-2。

【考核点】

1. 场地护坡；

2. 土方平衡；

3. 排水凹谷。

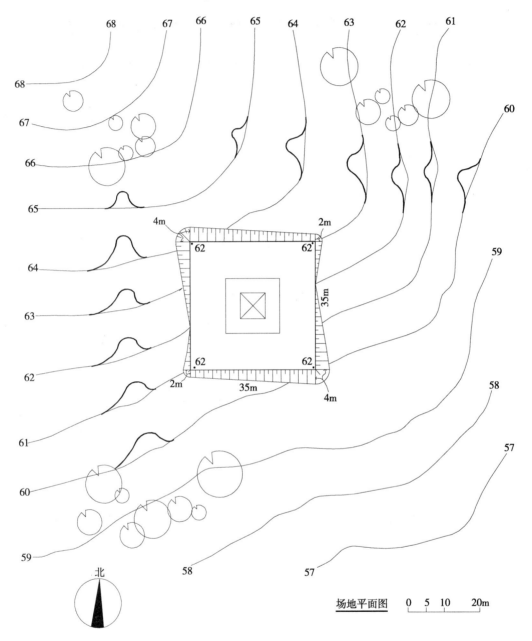

图 Ⅱ.3.97−2

【提示】

1. 纪念碑广场处的原始地形为西北高东南低，坡度基本均匀，高差为 64m − 60m = 4m，考虑挖填土方量平衡，广场四角设计标高显然应为 62m。则 62m 等高线与广场东西边线的交点，即为填挖方零点的位置。

2. 根据四角设计标高与原始标高之差，以及已知护坡高∶宽 = 1∶2，则可求出四角的护坡宽度点，连接上述各点及挖填挖方零点，即可得出护坡的外边线。

最后画护坡的坡向图例，应注意挖填方零点以上为挖方（坡向内），以下为填方（坡向外）。

3. 修改 60 ~ 65m 六条等高线，在广场两侧形成自然排水凹谷。

【评析】

1. 本题答案的主要问题是：误将护坡上缘某点的（设计地面标高 – 原始地面标高）× 护坡的高宽比 = "护坡宽度"，但无论是填方或是挖方护坡，其实际宽度均大于该值（以本题东南角为例，其剖面如图Ⅱ.3.97 – 3 所示）。

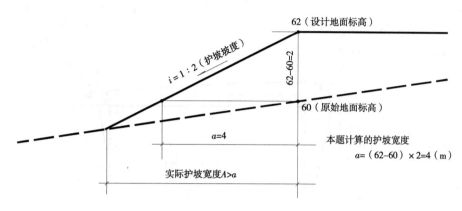

图Ⅱ.3.97 – 3

2. 此外，不能简单地连接四角求出的"坡宽点"和挖填方零点，即认为是护坡的范围线。而应是下述各点的连线，这些点是：护坡等高线与同值自然等高线的交点、挖填方零点、护坡阳角和阴角转折线与自然地面的交点。则可用附录一的"简化截面法"绘制，图Ⅱ.3.97 – 4 即为其答案。图中护坡坡度改为1∶1，且纪念碑广场缩小，以利表达清晰，故仅供参考。

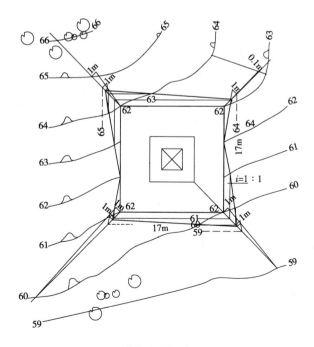

图Ⅱ.3.97 – 4a

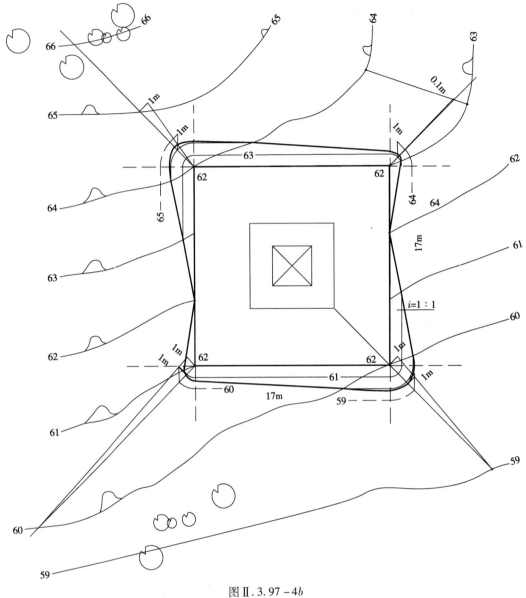

图Ⅱ.3.97-4b

【链接】

1.〈任乃鑫编作图〉的答案同本书图Ⅱ.3.97-2。

2.〈陈磊编指南〉此题不要求做护坡，改为修整等高线，形成1:2的护坡和排水沟。其他各书无此题。

■ 场地地形试题Ⅱ.3.98

【试题】

一、设计条件

山坡地拟建一库房，有道路通入，其场地标高为270.00m。距库房周边2.5m设0.5m宽明沟与路下暗沟（均暂不考虑深度、坡度及构造），沟壁顶面标高也均为270.00m（图Ⅱ.3.98-1）。

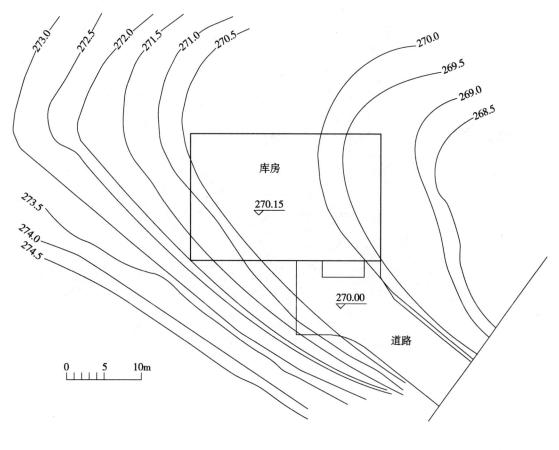

图Ⅱ.3.98-1

二、任务要求

1. 绘制填方和挖方护坡（坡度1:2）的范围线（不得设置挡土墙）。

2. 绘制明沟与暗沟，使场地雨水顺利排出。

【答案】

见图Ⅱ.3.98-2。

【考核点】

护坡的概念与绘图。

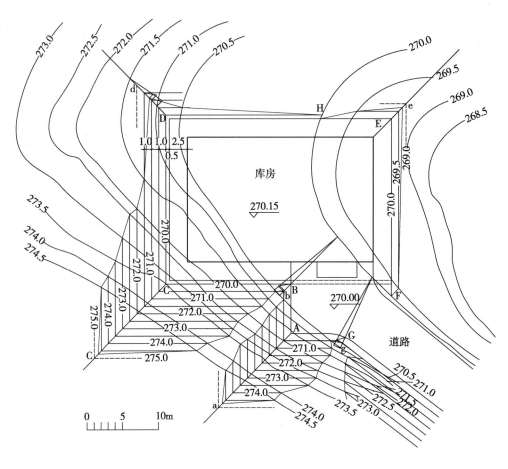

图Ⅱ.3.98-2a

【提示】

1. 距库房四周2.5m处画出0.5m宽的水沟或场地外缘，并标注场地诸角点A、B、C、D、E、F。

2. 根据标高270.00m场地外缘线与同名自然等高线的交点，求得填方与挖方护坡的分界点（零点）H。

3. 已知等高距为0.5m，护坡坡度为1∶2，则护坡的等高线间距为1.0m。以此沿场地四周向外画护坡等高线，并可分别标出与同名自然等高线的交点，依次连接即为护坡的范围线。

4. 填方或挖方护坡转角线脚点或顶点的位置为：

（1）b、d、g点均可用"简化截面法"求得（详见附录一）。

（2）a、c点因未给出275.00m自然等高线的位置，故可在护坡转角线上近似取274.50m和275.00m两条护坡等高线的中心。

（3）e点因护坡转角线与269.00m自然等高线无交点，故也可在护坡转角线上近似取269.00m和269.50m两条护坡等高线的中心。

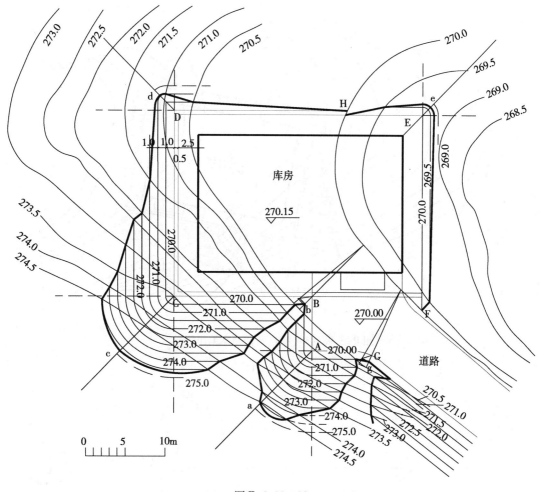

图Ⅱ.3.98 - 2*b*

【评析】

1. 难度太大 ★★★★★。

2. 据悉实为早年的试题，能解出者寥寥无几。主要是给出的自然地形和场地平面过于复杂，规划师在限时内也难以完成。

【链接】

1. 〈任乃鑫编作图〉也给出了答案（图Ⅱ.3.98 - 3），其解题思路无误，只是未将护坡等高线画出而已。但护坡转角线顶（脚）点的求法显然不妥，与正确位置误差太大，故不能视为完善的解答。

2. 〈陈磊编指南〉则将设计条件简化（自然地形变缓坡），且任务要求改为调整等高线（坡度仍为1：2）和不做暗沟。难度较为合适，详见图Ⅱ.3.98 - 4。

若仍要求绘制护坡范围线，其答案则如图Ⅱ.3.98 - 5所示，可供参考。图中护坡转角线的顶（脚）点也系用"简化截面法"求得。

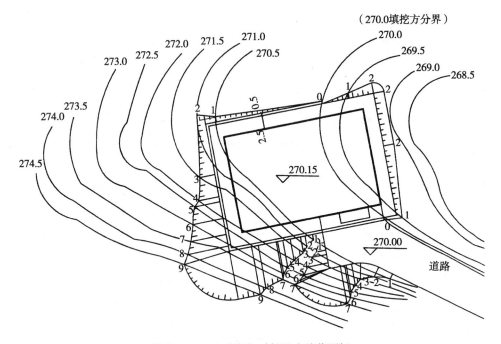

图Ⅱ.3.98－3（摘自〈任乃鑫编作图〉）

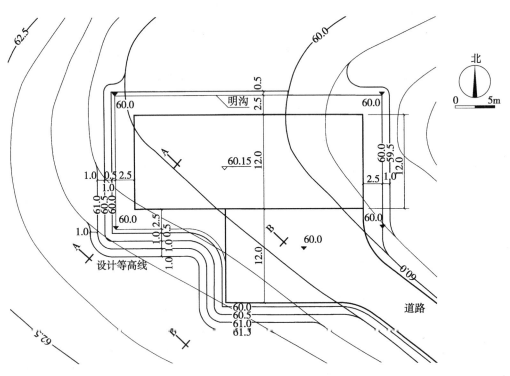

图Ⅱ.3.98－4（摘自〈陈磊编指南〉）

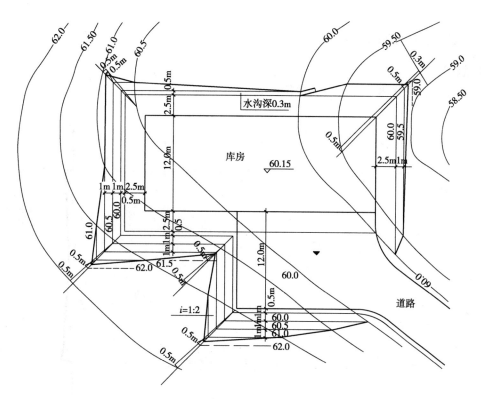

图Ⅱ.3.98−5a

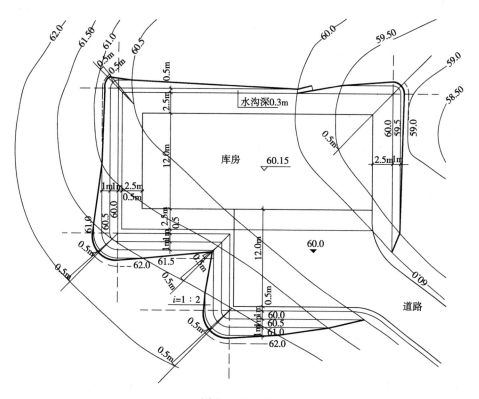

图Ⅱ.3.98−5b

■ 场地地形试题Ⅱ.3.99

【试题】

一、比例：见图Ⅱ.3.99－1（单位：m）。

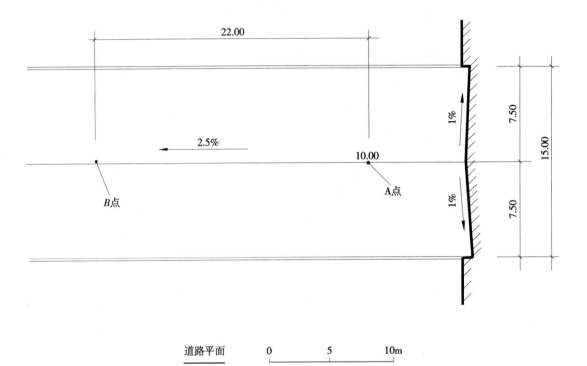

道路平面   0   5   10m

图Ⅱ.3.99－1

二、设计条件

1. AB 段城市道路路宽 15m，路面纵坡为 2.5%，横坡为 1%。

2. 道路 A 点标高为 10.00m。

三、任务要求

1. 要求沿路面纵坡方向绘出路面等高线，等高距为 0.1m。

2. 注明等高线间距和纵坡间距尺寸，并标明 B 点路面的标高。

【答案】

作图答案见图Ⅱ.3.99－2。

【考核点】

1. 等高线间距与等高距；

2. 道路的纵坡与横坡。

【提示】

1. 对于道路纵坡，当坡度为 2.5% 和等高距为 0.1m 时，纵坡间距尺寸应为：

$$0.1m \div 0.025 = 4m$$

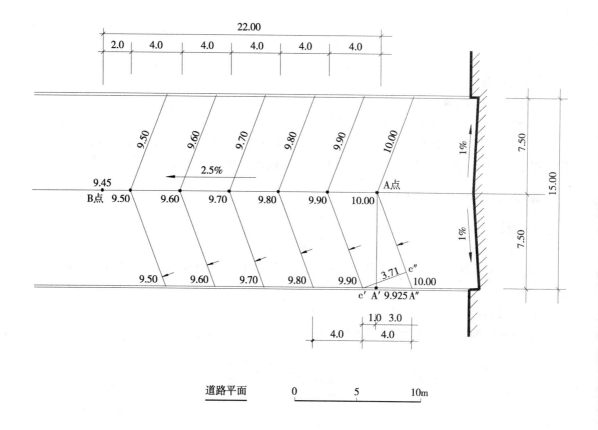

图Ⅱ.3.99－2

据此，在道路中心线上，以 A 点为原点，每隔4m 量一点，即依次可得9.90、9.80、9.70、9.60m 和9.50m 各标高点。

2. B 点与9.50m 标高点的距离为22m－4m×5＝2m，其坡降值为2m×0.025＝0.05m，故 B 点的标高应为：9.50m－0.05m＝9.45m

3. 对于道路的横坡，当坡度为1%和坡长为15m÷2＝7.5m 时，其坡降为7.5m×0.01＝0.075m。由此可知与 A 点相对的路缘处 A'点标高应为：10.0m－0.075m＝9.925m

4. 在路缘处，其纵坡仍为2.5%，其9.90m 标高点与 A'点的间距应为：

$$(9.925m－9.90m)÷0.025＝0.025m÷0.025＝1.0m$$

也即由 A'点向低方向量1.0m，可得9.90m 标高点。再由此点向高方向量4.0m，可得10.0m 标高点；向低方向每隔4m 量一点，依次可得9.80、9.70、9.60m 和9.50m 各标高点。

5. 将道路中心和路缘上相同的标高点相连，可得道路一侧的等高线。另一侧与其对称随之也可画出。

6. 在路缘处，A'点至10.0m 标高点（A"）的距离为4m－1m＝3m

已知 A A'＝7.5m，且△C'C"A"与△A A'A"相似，设 C'至 C"为等高线间距 x，则

$$7.5 : \sqrt{7.5^2 + 3^2} = x : 4$$

$$x = \frac{7.5 \times 4}{\sqrt{7.5^2 + 3^2}} = \frac{30}{8.08} = 3.71 \mathrm{m}$$

【评析与链接】

1. 难度适中 ★★★☆☆。

2. 要求计算出等高线间距实无必要。

3. 其他应试教材中的此题,与本书不同者多为变更了设计条件,如:路宽、路面横向坡度、已知 A 点的标高值和增加人行道等。故数值有异,题意未变。

■ 场地地形试题 Ⅱ.3.00

【试题】

一、设计条件

某山地地形如图Ⅱ.3.00-1所示。拟建一条便道由 A 点经 B、C 点到达 D 点,其设计条件为:

1. 便道的坡度≤10%,且不得设置台阶。

2. 顺应地形,土方量最小,线路最短。

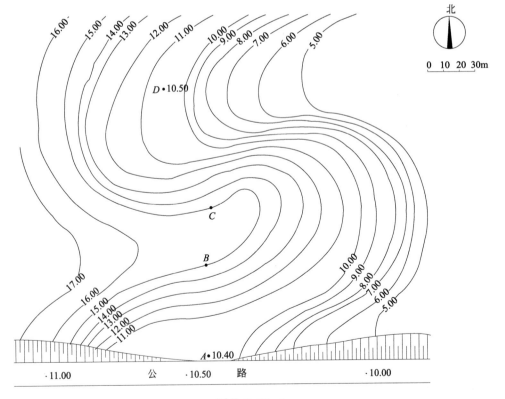

图Ⅱ.3.00-1

二、任务要求

1. 根据设计条件绘制便道的路线,用"——"直线表示。

2. 标注便道路线中所有转折点的标高。

3. 标注每个转折点之间的坡向和坡度。

【答案】

如图Ⅱ.3.00 – 2所示。

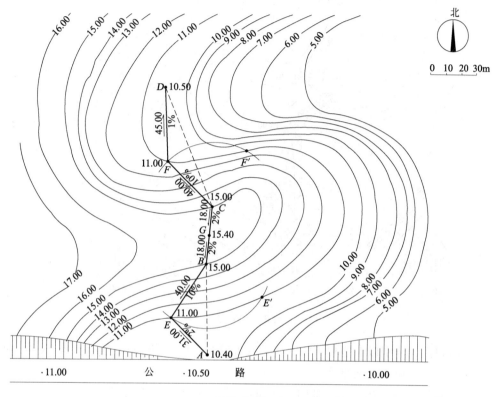

图Ⅱ.3.00 – 2

【提示】

1. 《建筑学场地设计》第1.2.4节指出：为简化设计与实施，在一般情况下，特别是坡度变化较小（即等高线间距均匀）的地段，可以≤5倍等高距设一个路径方向控制点（即每两个路径方向控制点之间可有≤4条等高线）。

故B点和C点分别至11.00等高线之间的路段长度可为4×1m÷10% = 40m。据此，分别以B点和C点为圆心，以40m为半径画圆与11.00等高线各自交于E和E'，以及F和F'。其中E'和F'偏离较远，故正确路径应为AEBCFD。

2. BC路段间应以中点为界，分别向两侧作2%的排水坡度（规范要求≤2%）。

【评析与链接】

1. 上述答案的路径简捷明确，便于实施。但并非唯一答案。例如，可以AB和CD间的连线为最短路程的基准线。再以B点和C点为起点，分别以1m÷10% = 10m为半径，依次求出与11.00、12.00、13.00、14.00、15.00等高线的交点，并以是否接近基准线进行取舍，则可求得路径最曲折的答案（图Ⅱ.3.00 – 3）。

2. 由于限制条件不足，此题实为多解。〈耿长孚编考题〉即将BE和CF之间路径方

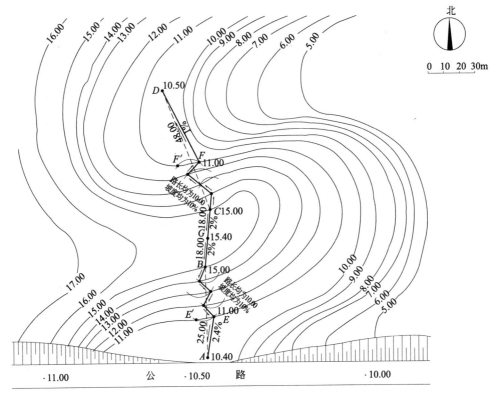

图Ⅱ.3.00－3

向控制点的间距，分别以1倍和3倍等高距（即路长10m和30m）进行组合，又给出两个不同的答案。有兴趣者可阅原著。

3. 无论何种答案，由于BE和CF路段的长度均为40m，BC路段也为定值。故便道的总长度取决于（AE＋DF）路段的长度，而该长度又因E点和F点位置的变动而不同。因此，在无数的答案中，很难迅速判定何者路程最短。

同样，也很难在各答案中迅速判定何者土方量最小。

4.〈张清编作图题〉4.3.1的答案，因等高线形态不同，故路径走向稍异，但解法相同。另外，顶部便道的纵向排水坡为1％也无误（≤2％均可）。

■ 场地地形试题Ⅱ.3.01

【试题】

一、设计条件

某用地界线及地形见图Ⅱ.3.01－1。要求在用地中平整出一块30m×30m的平地作为建设场地，其条件为：

1. 建设场地的边线与用地界线平行。

2. 土方工程量最省。

3. 建设场地四周做1∶2护坡，护坡范围线不得超越用地界线。

二、任务要求

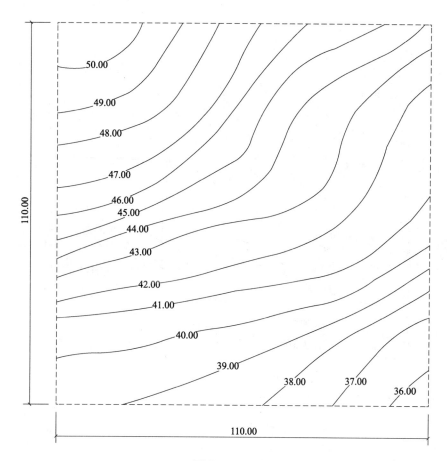

图Ⅱ.3.01－1

1. 在用地平面图内画出建设场地的范围并标注标高。
2. 在建设场地的四周画出护坡。

【答案】

见图Ⅱ.3.01－2和图Ⅱ.3.01－3。

【提示】

1. 为减少土方量,建设场地应位于用地脊线上最平坦的地段,即41.00至44.00等高线间距最稀疏处。且其边线应与用地界线平行,并将东南角置于41.00等高线上。

2. 为达到土方就地填挖平衡,建设场地的标高应为(41.00＋44.00)÷2＝42.50。

3. 在42.00与43.00等高线间绘出42.50辅助等高线(即填挖方零线),其与建设场地北界和西界的交点,也即为护坡的变向点。

4. 四周护坡可参照简化截面法(见附录一)求得。其中东北角和西南角处的护坡,因高差极小，近似画出即可。

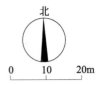

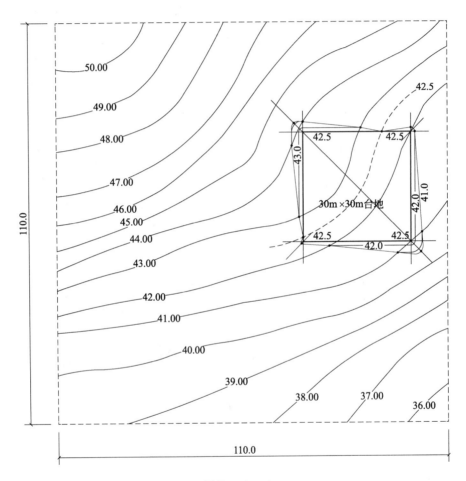

图Ⅱ.3.01－2

【链接】

1.〈陈磊编指南〉在此题的设计条件中已给出建设场地的位置，故不必选址。再根据建设场地四角处的自然地面标高，用内插法求得建设场地的标高为42.40。进而可绘出填挖方零线和护坡变向点的位置。并根据用地平坦的条件，简化了护坡的求法，以及仅用图例表达，与试题图Ⅱ.3.97－2所示相同。

2.〈耿长孚编考题〉与本书此题的设计条件与答案基本相同。仅答案中东南角和西北角护坡转角处的表达不同，且未说明如何求得。

3.〈张清编作图题〉4.3.2的答案，仅护坡转角面顶（脚）点的求法不同，答案无异，且最终仍仅用图例表示。

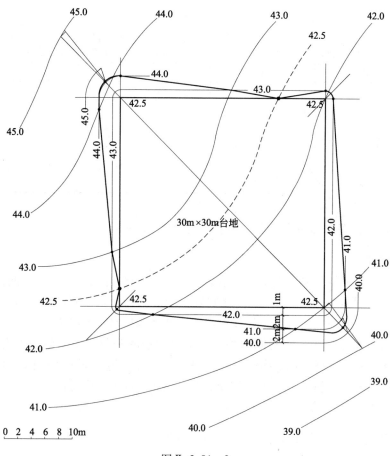

图Ⅱ.3.01－3

3.2 2003 年及以后的试题

场地地形试题各书解答对照（2003 年及以后）   表Ⅱ.3.2

书名（简称）	张清编作图题	本书（第Ⅱ篇）	耿长孚编考题	曹纬浚编作图	陈磊编指南	注册网编作图	注册网编题解	任乃鑫编作图	研究组编作图
代号	⑧	⑨	①	②	③	④	⑤	⑥	⑦
2003 年	4.3.3	Ⅱ.3.03	V	—	—	—	X	同⑤	—
2004 年	4.3.4	Ⅱ.3.04	V	—	X	—	—	XX	V
2005 年	4.3.5	Ⅱ.3.05	XX	V	XX	—	—	X	—
2006 年	4.3.6	Ⅱ.3.06	V	V	XX	V	V	V	—
2007 年	4.3.7	Ⅱ.3.07	V	V	V	V	V	V	—
2008 年	4.3.8	Ⅱ.3.08	X	V	XX	—	—	V	—
2009 年	4.3.9	Ⅱ.3.09	X	V	X	X	同④	同④	X
2010 年	4.3.10	Ⅱ.3.10	V	V	V	—	V	V	—
2011 年	4.3.11	Ⅱ.3.11	V	X	V	—	V	V	—
2012 年	4.3.12	Ⅱ.3.12	V	V	V	—	V	V	—

书名 （简称）	张清编 作图题	本书 （第Ⅱ篇）	耿长孚 编考题	曹纬浚 编作图	陈磊编 指南	注册网 编作图	注册网 编题解	任乃鑫 编作图	研究组 编作图
代号	⑧	⑨	①	②	③	④	⑤	⑥	⑦
2013 年	4.3.13	Ⅱ.3.13	V	V	V	—	X	同⑤	—
2014 年	4.3.14	Ⅱ.3.14	V	V	V			X	
2017 年	4.3.15	Ⅱ.3.17	—	V	V	未	出	新	版
2018 年	4.3.16	Ⅱ.3.18	—	V	V	未	出	新	版
说明	试题 答案	评析 链接	其他辅导书的同题解答：—无此题　V 相同　X 稍异　XX 不同（X 和 XX 者在本书的链接中阐述）						

■ 场地地形试题 Ⅱ.3.03（同〈张清编作图题〉4.3.3）

【评析与链接】

1.〈注册网编题解〉和〈任乃鑫编作图〉的答案，在台地的东、西两侧仍画 2m 宽排水沟（且表达错误），不符合"雨水由北侧排水沟拦截并向东、西两侧顺坡排出"的设计要求。也即：东、西两侧只需调整等高线形成自然冲沟排水，不必人工筑沟。

2.〈耿长孚编考题〉的答案同本书。但指出命题的疏忽：由于给出的北侧排水沟太浅，其沟底标高 98.00 高于台地南端标高 97.9，将导致台地南部 1/4 的面积被淹没，有违设置北侧排水沟截水的目的。为此，该书绘出沟深 0.8m（沟底标高 97.5m）的答案，显然更为合理。

■ 场地地形试题 Ⅱ.3.04（同〈张清编作图题〉4.3.4）

【评析】

1. 应位于西侧路肩外的截水沟，仅给出沟宽，无断面形状和尺寸，且未要求绘制其等高线。故沟壁可视为垂直面，路肩等高线和原自然等高线均至沟壁处截止即可。原地面和西半侧路面的雨水均可直接排入沟中。

2. 但东侧路肩外的自然地面则需平整，以利东半侧路面雨水的排除。为此，原自然等高线应延伸并修改，与东路肩上的同名等高线相连接（参见图 Ⅱ.3.04-2），并顺应原地形走势。原题给出的设计条件与任务要求并未考虑此点，系美中不足。

【链接】

1. 图 Ⅱ.3.04-1 系〈任乃鑫编模拟题〉同型例题的答案。主要问题有二：其一，道路等高线与自然等高线应同值且连续；其二，设计条件仅给出排洪沟底宽，而无沟深、总沟宽和断面形式，故该处的等高线显然有误。正确答案应如图 Ⅱ.3.04-2 所示，其中补充了沟深等设计条件。并应注意下述三点：排水沟等高线的两端应分别与同值的道路及自然等高线相接；其形状取决于排水沟的断面形状与尺寸；其顶点与同值道路等高线端点的距离，可根据沟深和纵坡度求得。详可参阅附录三。

2.〈陈磊编指南〉，除要求绘制主路、路肩、排水沟等高线外，且按实际工程做法，要求绘制路基挖方与填方边坡的等高线。难度极大，已超出命题深度，故不再摘录，可酌情参阅。

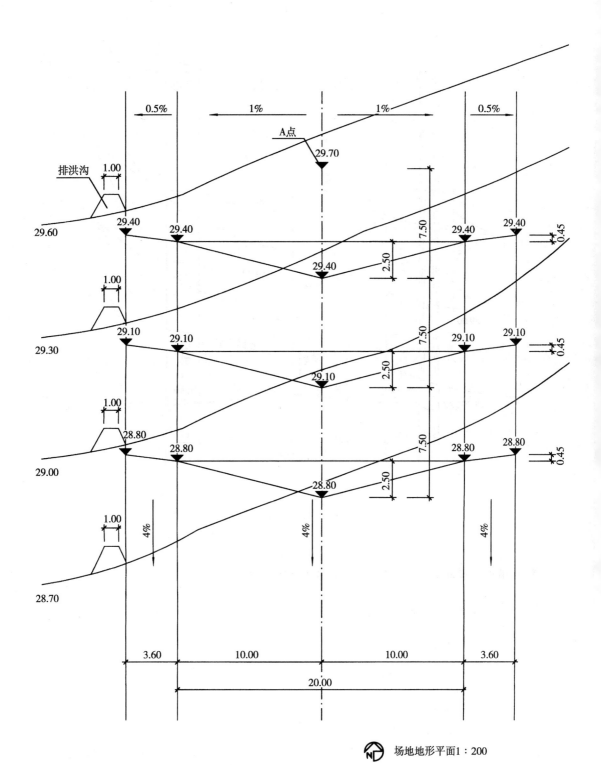

0.5%　　　　1% 　　　　1%　　　　0.5%

A点
29.70

排洪沟
1.00

29.60　　29.40　　29.40　　　　7.50　　29.40　　29.40　　0.45

29.40　　　2.50

1.00

29.30　　29.10　　29.10　　　　7.50　　29.10　　29.10　　0.45

29.10　　　2.50

1.00

29.00　　28.80　28.80　　　　7.50　　28.80　　28.80　　0.45

28.80　　　2.50

1.00

28.70　　4%　　　　4%　　　　4%

3.60　　　10.00　　　　10.00　　　3.60

20.00

场地地形平面1：200

图Ⅱ.3.04－1

75

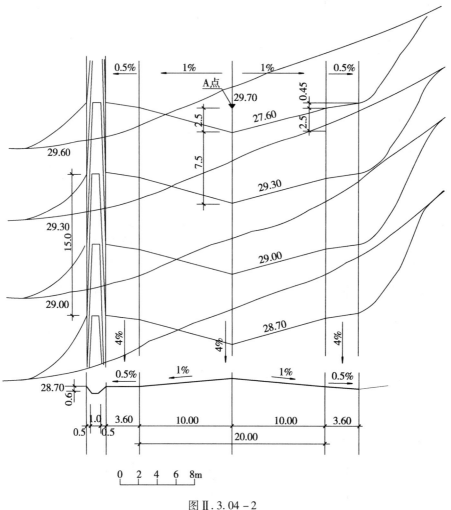

图Ⅱ.3.04-2

■ **场地地形试题Ⅱ.3.05**（同〈张清编作图题〉4.3.5）

【评析与链接】

1.〈耿长孚编考题〉作者指出，由于命题人的疏漏，致使该题的答案主要有两处失误（图Ⅱ.3.05-1），违背工程实践的基本要求。

（1）广场北界最高点 D 的标高为 85.60m，低于道路中心线最高点 C 的标高 85.75m。故道路积水时难免淹没广场。

（2）道路与广场地面的汇水线突入广场，势必造成广场南部地面起伏，影响使用。也与广场纵、横向坡度均为 1% 的设计条件不符。

2. 该书还提供了另外两个答案（图Ⅱ.3.05-2 和图Ⅱ.3.05-3）。虽然可将汇水线与广场和道路的交界线重合，但仍无法保证广场纵、横向坡度为 1%，或道路北侧的横坡为 2.5%。且同样也未能改变广场最高点标高低于道路最高点标高的弊端。故均应视为不及格答案。

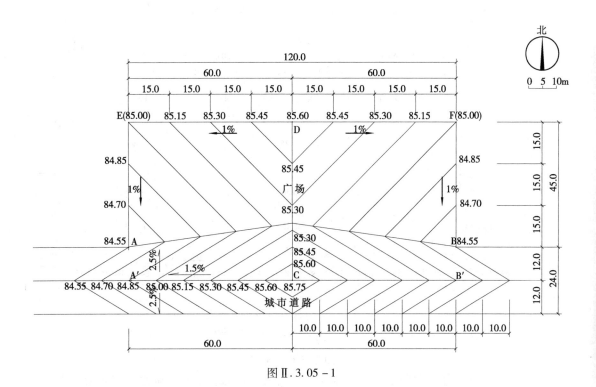

图Ⅱ.3.05－1

● 广场内纵横坡均不等于1%，且均为变坡度（不及格答案）

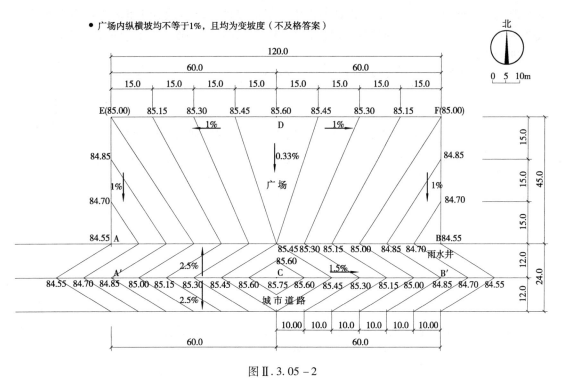

图Ⅱ.3.05－2

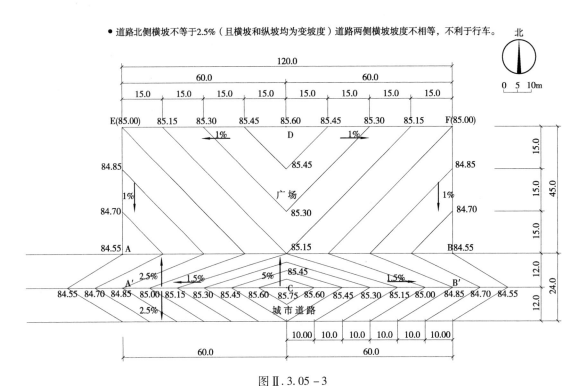

图Ⅱ.3.05-3

3. 综上可知，由于命题的设计条件不够严密，故该题实无正确的答案可寻。其实，如欲改正上述两点失误，只需将设计条件中广场的东西向坡度改为1.5%或者将道路的纵坡改为1%，使二者数值相同即可（图Ⅱ.3.05-4和图Ⅱ.3.05-5）。〈任乃鑫编作图〉的此题即为后者。

● 将广场东西向坡度改为与道路纵坡相同（均为1.5%）

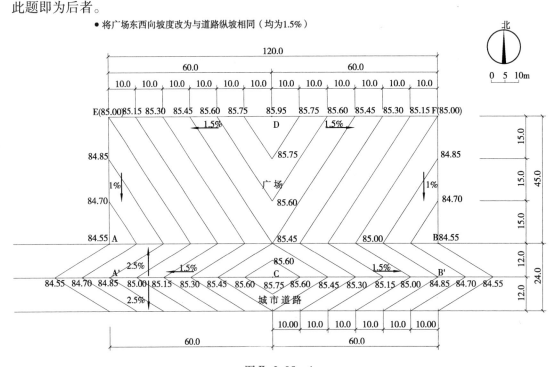

图Ⅱ.3.05-4

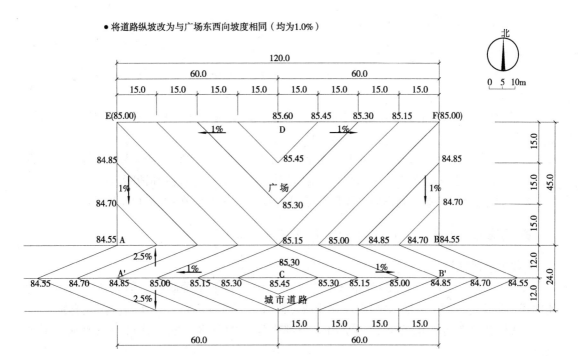

● 将道路纵坡改为与广场东西向坡度相同（均为1.0%）

图Ⅱ.3.05-5

4.〈陈磊编指南〉此题的设计条件变化较大，主要是：

（1）广场的纵、横向坡度仅限定为0.3%~1%之间，而非定值。

（2）给出的是道路最高点标高85.70m，而不是广场东北和西北角的标高。

以上变更虽然更接近工程实际，但难度太大、计算复杂，考生不可能在限时内完成。其答案如图Ⅱ.3.05-6所示，有兴趣者可阅读原书，了解其解题步骤。

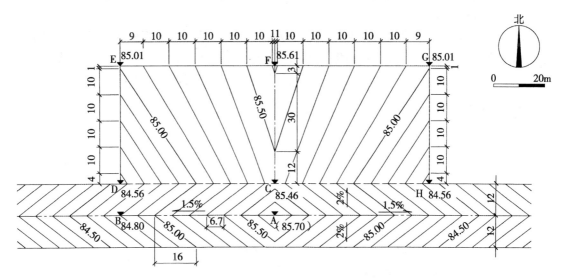

图Ⅱ.3.05-6

■ 场地地形试题 Ⅱ.3.06（同〈张清编作图题〉4.3.6）

【评析与链接】

1. 〈陈磊编指南〉的此题将挖方护坡限定在用地范围内，故答案完全不同。无可比性，故从略

2. 其他应试教材的答案均与本书同。但除〈耿长孚编考题〉和〈曹纬浚编作图〉外，对 A、B 点处护坡范围线如何求得表达不足。

3. 设计条件图中绘有 2m×2m 的方格网，欲便于思考和绘图，但令人眼花缭乱，适得其反。如用截面法或简化截面法求得该护坡范围线，其实更为直接和清晰。

4. 〈张清编作图题〉填方挡土墙图例绘制有误，粗虚线应在内侧（临土面）。

■ 场地地形试题 Ⅱ.3.07（同〈张清编作图题〉4.3.7）

【评析与链接】

1. 不应画等高线转折处的分水线与汇水线，因二者不是等高线。但画草图时可作为辅助线，以提高速度。如画出则应为虚线或点画线，并标注名称，以示与等高线有别。

〈耿长孚编考题〉的答案，还绘出了顶部平坦处的分水脊线。题目无此要求，不画也可。

2. 其他辅导书的答案无本质区别，仅给出的外廓尺寸和 A、B 点的位置稍异。

■ 场地地形试题 Ⅱ.3.08（同〈张清编作图题〉4.3.8）

【评析与链接】

1. 确定等高线间距时，其间距连线与上下相邻等高线形成的夹角应近似相等。

2. 宿舍楼的最小距离应为日照间距，计算时除考虑建筑高度外，尚应增减宿舍室外地面设计标高的差值。

3. 〈陈磊编指南〉的此题，等高线形态改变较大，且给出一栋宿舍的位置、日照间距系数改为 2.0、不要求计算坡度≥10% 的用地面积。故答案差异极大，但难度降低。〈耿长孚编考题〉的此题，仅等高线形态稍异，故坡度≥10% 的用地面积不同。

■ 场地地形试题 Ⅱ.3.09（同〈张清编作图题〉4.3.9）

【评析】

1. 难度适中 ★★★☆☆。

2. 本题与前面的试题 Ⅱ.3.08 相似。关键是：应对等高距、等高线间距和坡度三者的定义与关系，要有清晰的概念，否则无从入手。

【链接】

其他辅导书中的答案与本书基本一致，但尚有如下差别：

1. 范围线或台地尺寸变化。

2. 或位置变动。

3. 要求用图例表示台地边沿何处应设置挡土墙。

■ **场地地形试题Ⅱ.3.10**（同〈张编作图题〉4.3.10）

【评析与链接】

1. 在任务要求中虽然仅需绘制广场东、南、西侧的挡土墙，但在设计条件中并未明确暂不考虑湖滨路的纵、横坡度（即路面与广场平接无高差）。故有的考生在广场与路面交线处仍局部绘有挡土墙，也不能算错。

2. 其他应试教材的答案均正确，仅〈陈磊编指南〉将等高距0.5m改为1.0m。

■ **场地地形试题Ⅱ.3.11**（同〈张清编作图题〉4.3.11）

【评析与链接】

1. 除〈曹伟浚编作图〉外，其他各书答案均同本书。

2. 由于在设计条件图中，未明确标注用地北界的横向坡度。以致〈曹伟浚编作图〉也按5%考虑，故平台（一）、（二）的标高则按高出东北角的标高0.15m计算，分别为101.05和101.65（见图Ⅱ.3.11-1）。若设计条件图改如图Ⅱ.3.11-2所示，则可避免误解。

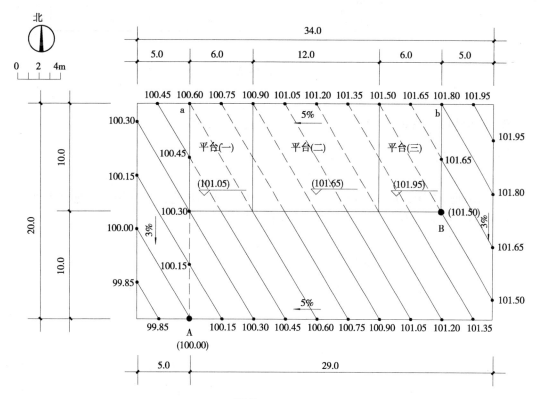

图Ⅱ.3.11-1

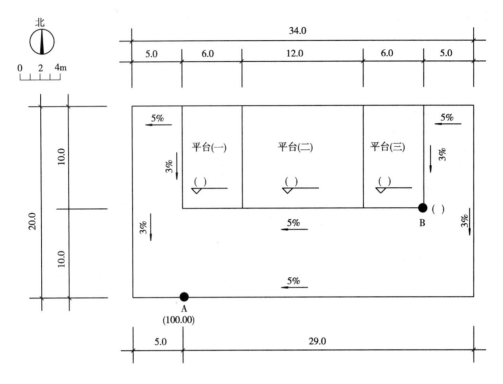

图Ⅱ.3.11－2

■ 场地地形试题Ⅱ.3.12（同〈张清编作图题〉4.3.12）

【评析与链接】

1. 在各辅导书中，该题的设计条件均规定：

（1）南面道路无纵坡。车行道两侧为自然放坡，不考虑道路以外场地的地形处理。

（2）假设地下车库底板与出入口路面标高一致。

（3）距南面车行道外3m设置挡土墙。

（4）〈陈磊编指南〉更补充"不考虑道路横坡"。

上述条件的目的在于：简化设计和计算，以及确保车库底板标高、填方区面积、最大开挖深度和车行道南侧挡土墙高度等四项正确答案的唯一性。

2. 解答本题的关键是首先求得南面车行道的路面标高，其正确答案如图Ⅱ.3.12－1所示。

（1）按常规做法，90°转弯处车行道的内缘应为半径8m的圆弧，外缘应为直角。该处路面标高的控制点为道路中心线的交点B和C，通过简单计算可知C点标高为92.00m。该图以东侧车行道为例，西侧者与其对称，故从略。

（2）根据给出的条件，即知南面车行道和车库底板的标高均为92.00m。由于恰为整数，故可迅速推算出：车库开挖的最大深度为96.50m－92.00m＝4.50m、路南挡土墙高度为92.00－89.50m＝2.50m。而填挖方的零线也正好位于2号和3号住宅的北墙处，故

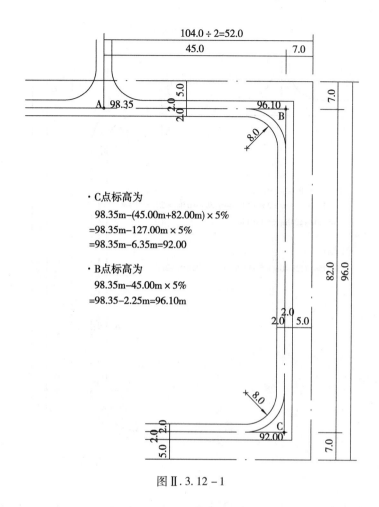

图Ⅱ.3.12－1

右侧图中文字部分：

· C点标高为
98.35m－(45.00m+82.00m)×5%
=98.35m－127.00m×5%
=98.35m－6.35m=92.00

· B点标高为
98.35m－45.00m×5%
=98.35－2.25m=96.10m

填方面积则为 20m×（3×22m）　=20m×66m=1320m²。

以上各值与选择题的可选值完全吻合，应正确无误。

应提醒的是，给出的"转弯半径8m"，按规定系指"曲线道路内缘的转弯半径"，如设计条件更明确则更妥当。此值在本答案道路标高的计算中虽未涉及，但在绘图时应正确表达。其最小值：通行小型车为6m、中型车为8～10m（其中普通消防车为9m）、大型车为10.5～12.0m。

3. 此题的另一解答如图Ⅱ.3.12－2所示。与正确答案的不同是：将转弯处道路标高的控制点定在道路中心线曲线与直线的切点（B_1 和 B_2、C_1 和 C_2），且曲线段与直线段的道路纵坡均为5%。而转弯处道路的外缘可为曲线也可为直线。此做法虽不乏工程实例，但据此求得的南面车行道（即车库底板）标高较零碎（91.93m），从而导致其他各项的计算较为复杂，考生在限时内不可能完成，显然有违命题的初衷。例如：

（1）车库的最大开挖深度增至 96.50m－91.93m=4.57m、路南挡土墙高度减至 91.93m－89.50m=2.43m。

（2）尤其是因为填挖方零线（91.93m）已不与2号和3号住宅北墙（即自然等线92.00m）重合，故需用插入法求得该线与车库出入口（即2号和3号住宅南墙）的距离

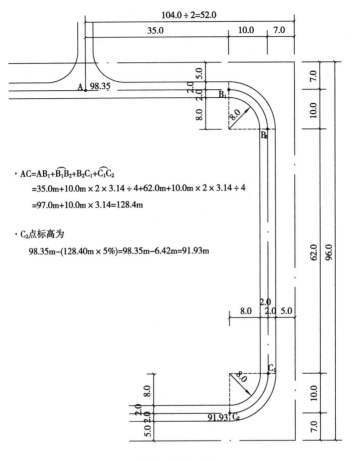

$$AC = AB_1 + \overset{\frown}{B_1B_2} + B_2C_1 + \overset{\frown}{C_1C_2}$$
$$= 35.0m + 10.0m \times 2 \times 3.14 \div 4 + 62.0m + 10.0m \times 2 \times 3.14 \div 4$$
$$= 97.0m + 10.0m \times 3.14 = 128.4m$$

· C_2点标高为

$$98.35m - (128.40m \times 5\%) = 98.35m - 6.42m = 91.93m$$

图Ⅱ.3.12–2

为：$(91.93m - 90.50m) \div (92.00m - 90.50m) \times 20m = 1.43m \div 1.50m \times 20m = 19.07m$。则填方面积为 $19.074m \times (3 \times 22m) = 1258.40m^2$。

（3）以上各值均与选择题的可选值不同，理应改弦更张。

4. 其他应试教材的解答均同本书。

■ **场地地形试题Ⅱ.3.13**（同〈张清编作图题〉4.3.13）

【评析与链接】

1. 广场的坡度也可用以下求法，更较简单：

已知广场的纵横边界相互垂直，故广场的等高线与边界的夹角为45°（故斜边：对边 = 1.4 : 1）。又已算出广场边界上等高线的距离为5m，因此可知：

广场坡度 = 等高距 ÷ 等高线间距
= 0.05m ÷ (5m ÷ 1.4)
= (5m ÷ 100) × (1.4 ÷ 5m) = 1.4 ÷ 100 = 1.4%

2. 其他应试教材的答案均同本书。但在〈任乃鑫编作图〉和〈注册网编题解〉的答案中，广场边界的坡度1%和B点的标高101.60m均未变。然而BC和CD的距离分别由15m和20m增至45m和60m，C点和D点的标高仍为101.75m和101.95m，显然

84

有误。

■ **场地地形试题Ⅱ.3.14**（同〈张清编作图题〉4.3.14）

【评析与链接】

1. 由于用地东北高西南低，四个住宅场地平台与道路之间必须设置挡土墙。其中以3和4号住宅场地平台挡土墙的绘制最为复杂，因挡土墙填土侧的方向转换较多，需要首先确定转换点的位置，详见〈张清编作图题〉图4.3.14（c）。

2. 图Ⅱ.3.14－1为4号住宅场地平台东南角处道路等高线和挡土墙的平面图。鉴于设计条件仅规定了道路纵坡为4%，且不考虑道路横向排水（即路面横向无坡度）。故道路暂按路宽为4m，以及路缘右转弯半径6m绘制。

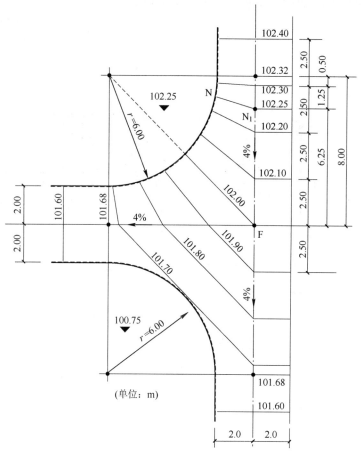

图Ⅱ.3.14－1

其中道路102.25m标高等高线的N_1N线段，并不垂直于道路的中心线。因此〈张清编作图题〉先在道路中心线上求出标高102.25m的N_1点，再以此点做道路中心线的垂线与路缘石圆形曲线相交，该点N即为挡土墙填土侧的转换点，显然有待商榷。

3. 该处道路等高线的绘制应如图Ⅱ.3.14－2所示。

（1）连接OF与路缘石曲线相交于Q，则该点为$\overset{\frown}{PR}$的中点，故弧长$\overset{\frown}{PQ} = \overset{\frown}{QR}$，且该点

的标高也为 102.00m。

（2）路缘石曲线段与直线段的切点 R 与路中心上的对应点为 R_1，两者的标高均为
102.00m $-$ 8m $\times$ 4% $=$ 102.32m。

道路中心线上 102.00、102.10、102.20、102.30 等高线的间距为 0.1m $\div$ 4% $=$ 2.5m；
102.30 与 102.32 等高线间距为（102.32m $-$ 102.30m）$\div$ 4% $=$ 0.5m。也即：F、a_1、b_1、
c_1 和 R_1 各点的间距依次为 2.5/8FR$_1$、2.5/8FR$_1$、2.5/8FR$_1$ 和 0.5/8FR$_1$，也即5/16FR$_1$、
5/16FR$_1$、5/16FR$_1$、和 1/16FR$_1$。

（3）同理，QR 圆弧上等高线间距 Qa、ab、bc 和 cR 也相应为：5/16 $\overgroup{QR_1}$、5/16 $\overgroup{QR_1}$、
5/16 $\overgroup{QR_1}$、和 1/16 $\overgroup{QR}$。

（4）同样也可求得 QP 上 d、e、f 等高线点的位置。

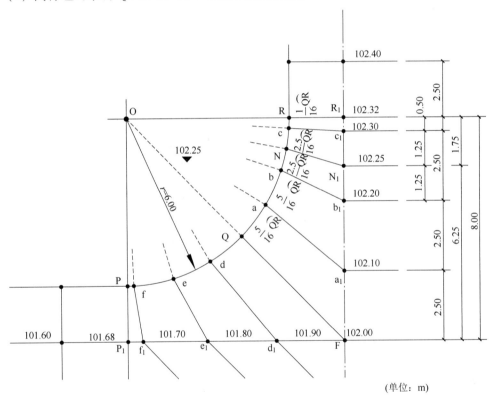

（单位：m）

图 Ⅱ.3.14 - 2

4. N 点的定位：

（1）已知 N 点的标高为 102.25m，显然其位置在 $\overgroup{bc}$ 的中点。

（2）由于 N 与 R 点的高差为 102.32m $-$ 102.25m $=$ 0.07m，Q 与 R 点的高差为
102.32m $-$ 102.00m $=$ 0.32m，故也可直接知得：N 点应在距 R 点 7/32 $\overgroup{QR}$ 处。其近似位置
应在 1/4 $\overgroup{QR}$ 至 1/5 $\overgroup{QR}$ 之间。

（3）限于命题深度和解题时间，该题并未要求对 N 点精确定位。因此，作图时近似定

位于临近 R 点的 1/4 $\overset{\frown}{QR}$ 处最为简便；或者仍按〈张清编作图题〉的解法，但将 N 点向 R 方向上移，则可避免概念性的错误。

〈耿长孚编考题〉答案中 N 点的定位同〈张清编作图题〉。〈任乃鑫编作图〉的答案，将 N 点定位于距 F 点 10.50m，则该点的路面标高已为 102.00m + 10.50m × 4% = 102.00 + 0.42m = 102.42m > 102.25m，显然有误。〈陈磊编指南〉答案中 N 定位仅为示意。

5. 提示：3 号和 4 号住宅台地高差处的室外挡土墙，不应画入住宅平面内。

■ **场地地形试题 Ⅱ.3.17**（同〈张清编作图题〉4.3.15）

【链接】

〈陈磊编指南〉答案相同，仅因给出的等高线形态稍异，致使用地面积略有不同，但仍在 1400 ~ 1800m² 之间，故选择题答案无误，均为（B）。其他辅导书未编写。

■ **场地地形试题 Ⅱ.3.18**（同〈张清编作图题〉4.3.16）

【评析与链接】

各书的解答均同本书。但给出的条件图和答案图中，画有经过 A 点的分水线者，不应也为细实线（如可为细虚线）并应注明为分水线，以免与等高线混淆。

3.3　试题分类索引

场地地形试题分类索引　　　　　　　　　　　　　表Ⅱ.3.3

试题分类	题　　　　号
修整等高线形成台地、放坡和排水沟	Ⅱ.3.96、Ⅱ.3.03（4.3.3）
绘制台地护坡的范围线	Ⅱ.3.97、Ⅱ.9.98、Ⅱ.3.01、Ⅱ3.06（4.3.6）
绘制台地范围线和挡土墙	Ⅱ.3.10（4.3.10）、Ⅱ.3.14（4.3.14）
绘制用地范围内的等高线	Ⅱ.3.07（4.3.7）、Ⅱ.3.09（4.3.9）、Ⅱ.3.11（4.3.11）
绘制道路或广场的等高线	Ⅱ.3.99、Ⅱ.3.04（4.3.4）、Ⅱ.3.05（4.3.5） Ⅱ.3.13（4.3.13）、Ⅱ.3.18（4.3.16）
路径选择和控制点的标高	Ⅱ.3.00、Ⅱ.3.12（4.3.12）
在坡地上绘制可建用地的最大范围线	Ⅱ.3.08（4.3.8）、Ⅱ.3.17（4.3.15） 参见：场地分析Ⅱ.2.97、场地剖面Ⅱ.4.97

第4章 场地剖面

4.1 2003年以前的试题

场地剖面试题各书解答对照（2003年以前）

表Ⅱ.4.1

书名	简称	本书（第Ⅱ篇）	耿长孚编考题	曹纬浚编作图	陈磊编指南	注册网编作图	注册网编题解	任乃鑫编作图	研究组编作图	张清编作图题
	代号	⑨	①	②	③	④	⑤	⑥	⑦	⑧
年份及题号	1994年	Ⅱ.4.94	X	—	V					
	1995年	停考								
	1996年	Ⅱ.4.96	—	—	—			—	V	
	1997年	Ⅱ.4.97								
	1998年	Ⅱ.4.98	X	同①.	XX			X		
	1999年	Ⅱ.4.99	V	V.	—	X	X	V		
	2000年	Ⅱ.4.00	V							
	2001年	Ⅱ.4.01	V	—	V			V		V
	2002年	停考								
说明	试题、答案、评析、链接	其他辅导书的同题解答：—无此题　　V相同 X稍异　　XX不同（X和XX者在本书的链接中阐述）·新版删除此题								

■ **场地剖面试题Ⅱ.4.94**

【试题】

一、设计条件

1. 某综合楼地上由高层写字楼、公寓和商业裙房组成，地下则为汽车库。场地北高南低，相差约1.8m。

2. 已知四临城市道路的绝对标高，以及写字楼、公寓、商业中心室内地面和汽车库入口的相对标高，如图Ⅱ.4.94-1所示。

3. 写字楼和公寓入口外为广场，其地面的允许坡度为0.3%~1%，入口台阶的步数应尽量少，但不得少于三步。

二、任务要求

1. 在（　　）内标注写字楼和公寓入口台阶起步点（A和B），以及汽车入口处（C）的绝对标高。

2. 确定室内各地面相对标高对应的绝对标高，并填入（　　）内。

3. 补画写字楼和公寓入口台阶的踏步，并标注步数（每步宽×高=0.3m×0.15m，且暂不考虑外门处室内外地面的高差值）。

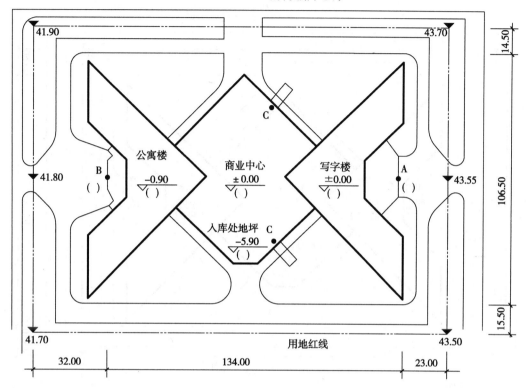

北 0 10 20 30m

城市支路中心线

图Ⅱ.4.94-1

【答案】

见图Ⅱ.4.94-2。

【考核点】

1. 相对标高与绝对标高的概念；

2. 室内地面标高的确定。

【提示】

1. 场地北高南低，故北侧写字楼的室内外高差越小，南侧公寓的室内外高差才能相应越小，从而减少工程量。即：写字楼北入口台阶起步点（A）的标高应尽量低，但为避免城市道路雨水的流入，A点又必须高于场地北入口的标高（43.55m）。故广场的坡度应取最小值0.3%，则A点的标高应为43.55+23×0.3%=43.55+0.07=43.62m。

2. 同理写字楼入口台阶的步数也应取最小值（3步），则其室内地面（±0.00）的绝对标高为43.62+3×0.15=42.62+0.45=44.07m，公寓的室内地面（-0.90m）的绝对标高则为44.07-0.9=43.17m。

地下汽车库入口处（-5.90m）的绝对标高则为44.07-5.9=38.17m。

3. 为尽量减少公寓入口台阶的步数，其相邻广场的坡度应取最大值（1%），则台阶起步点（B）的标高应为41.80+32×1%=41.80+0.32=42.12m。

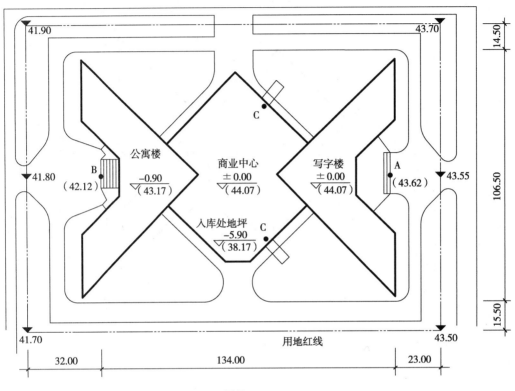

北　0　10　20　30m

城市支路中心线

图Ⅱ.4.94－2

4. 公寓的室内外高差应为 43.17－42.12＝1.05m，则台阶的步数为：

$$1.05 \div 0.15 = 7 \text{ 步。}$$

【评析与链接】

1. 难度适中★★★☆☆。

2. 本题源自1994年辽宁省注册建筑师资格考试的场地作图试题。原题因未限定广场坡度和台阶步数，故答案为浮动的区间值，导致评分困难。〈陈磊编指南〉的此题与本书同。

3. 原题还要求画出汽车坡道和残疾人坡道，但未明确给出附近的现状标高和尺寸，仅能示意表达，无法判断其正确性。如由考生推算，则不可能在限时内完成，更难有唯一的解答，故本题未编入此项内容。

4. 〈耿长孚编考题〉的此题更接近原题，故与本书稍异：如台阶踏步高由150改为120，且写字楼台阶仅设两步，故室内±0.000＝43.86，公寓楼台阶相应减为6步。另对汽车库坡道和残疾人坡道也给予表达。有兴趣者可参阅。其他应试教材无此题。

■ 场地剖面试题 Ⅱ.4.96

【试题】

一、比例：见图Ⅱ.4.96-1（单位：m）。

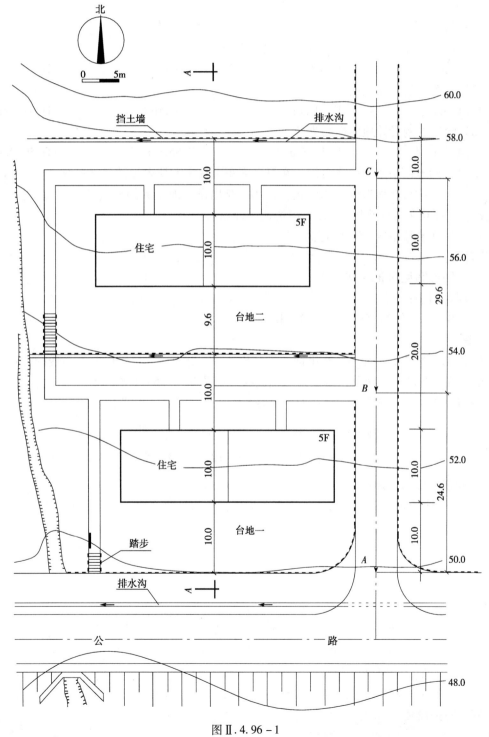

图Ⅱ.4.96-1

二、设计条件

某单位在坡地上拟建造两幢住宅楼（5层，高15m），室内外高差为0.60m，A点设计标高为50.0m，南北向道路的最大纵坡为8%，矩形排水沟底宽为0.40m，总平面布置及条件如图Ⅱ.4.96－1所示。

三、任务要求

1. 回答问题：

（1）用地坡度大于［　　］时，宜规划为台阶式。

A.7.0%　　　　　　B.8.0%　　　　　　C.9.0%　　　　　　D.10.0%

（2）台阶一的设计地面标高为［　　］。

A.51.0m　　　　　　B.51.9m　　　　　　C.52.0m　　　　　　D.52.2m

（3）台阶二的设计地面标高为［　　］。

A.54.3m　　　　　　B.54.6m　　　　　　C.55.0m　　　　　　D.56.0m

2. 把自然地面平整为两块台地，在总平面图上标出两块台地的设计标高。

3. 在已给的自然地形剖面图位置上，相应绘出设计地面的剖面（含挡土墙、排水沟、住宅楼，剖面均为外轮廓线），并注出场地设计标高。

4. 标注住宅楼室内±0.00标高。

【答案】

1. 作图答案见图Ⅱ.4.96－2。

2. 回答问题：

（1）B　　　　（2）D　　　　（3）B

【提示】

1. 绘制自然地形剖面图：在平面图上找出A－A剖面线与自然地形等高线的交点，根据点的高程和等高线的间距，绘出地形剖面线，如图Ⅱ.4.96－1中细实线所示。

2. 推算B、C点的道路标高：根据道路最大纵坡，从A点往北推算。

$$h_B = h_A + l_{AB} \times i_{max} = 50.0 + 24.6 \times 8\% = 51.9m$$

$$h_C = h_B + l_{BC} \times i_{max} = 51.9 + 29.6 \times 8\% = 54.3m$$

3. 确定地面的设计标高：

《城市用地竖向规划规范》第8.0.2条规定：地块的规划高程应比周边道路的最低路段高程高出0.2m以上。

台阶一的设计标高为：51.9＋0.30＝52.2m；台阶二的设计标高为：54.3＋0.30＝54.6m。

4. 布置挡土墙：《城市用地竖向规划规范》CJJ 83—99规定：

第5.0.3条　挡土墙、护坡与建筑的最小间距应符合下列规定：

（1）居住区内的挡土墙与住宅建筑的间距应满足住宅日照和通风的要求。

（2）高度大于2m的挡土墙和护坡的上缘与建筑间水平距离不应小于3m，其下缘与建筑间的水平距离不应小于2m。

第9.0.3条　相邻台地间高差大于1.5m时，应在挡土墙或坡比值大于0.5的护坡顶加设安全防护设施。

沿台地边缘布置了三条挡土墙，保证土体的稳定。

5. 布置排水沟：在挡土墙下方，布置了两条矩形排水沟，其底宽为 0.4m，排除场地的雨水，如图Ⅱ.4.96–2 所示。

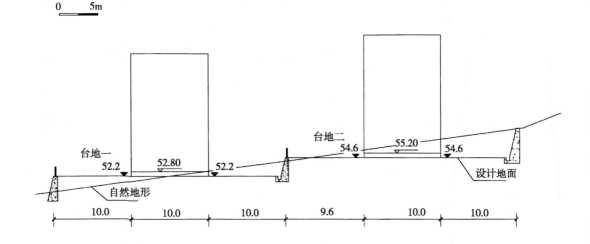

图Ⅱ.4.96–2

【评析与链接】

1. 难度适中 ★★★☆☆。

2. 解题的主要思路是：根据南北向道路 A 点的标高、道路纵坡度以及距离推算出 B、C 点的标高，再据此分别确定两个台地的地面设计标高。

3. 仅〈研究组编作图〉有此题且与本书同。

■ 场地剖面试题Ⅱ.4.97

【试题】

一、比例：1∶500 见图Ⅱ.4.97–1（单位：m）。

二、设计条件

1. 已知场地平面方格网如图Ⅱ.4.97–1 所示，方格网四角数字为场地标高。

2. 沿河边方格网线 10m 宽留作道路用地。

三、任务要求

1. 按 1–1 剖面线所示位置，画出场地剖面图（1∶500），并注出方格网交点处的标高。

2. 在场地平面图上画出可建场地范围，并用 ▤▤▤ 表示（场地坡度小于 1∶1 者为可建用地）。

3. 距可建场地范围线外 3m 处画出挡土墙的平面位置。

【答案】

作图答案见图Ⅱ.4.97–2。

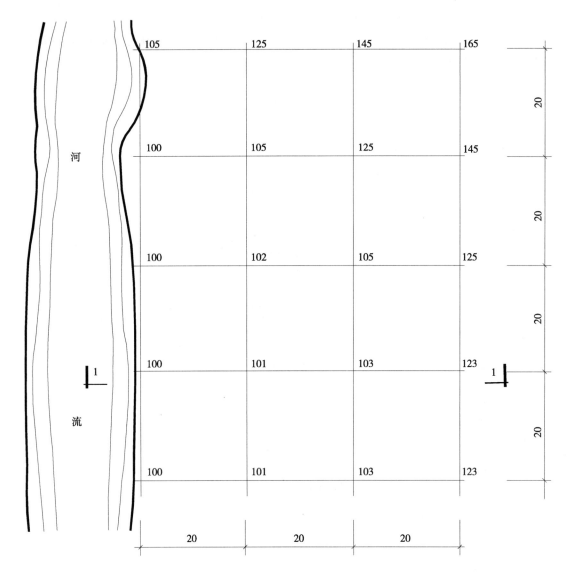

场地平面

图Ⅱ.4.97-1

【考核点】

1. 场地坡度；

2. 场地平面方格网；

3. 挡土墙；

4. 场地的可建范围。

【提示】

1. 场地剖面的绘制：按比例量绘和标出方格网交点处的标高（100、101、103m 和 123m），连接各点形成自然地面线。注意标高 103～123m 之间为 45°斜线，并应画出挡土墙剖面示意及该处的落差。

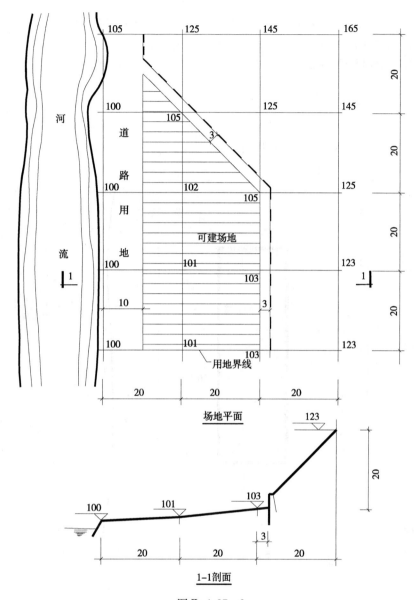

图Ⅱ.4.97-2

2. 可建场地范围的绘制

（1）距河边方格网线10m处，画出道路用地边线，也即左侧的可建场地范围线。

（2）比较相邻方格网交点的标高差是否≥20m（即坡度≥1:1），则可判断出其他可建场地范围线的位置。其中标高105～125m高差处为斜向45°线。

3. 在平面图上，距右侧可建场地范围线外3m处，画出挡土墙位置线。注意在上方与道路用地边线相交处，该线应转折。另外还应注意：挡土墙图例中的"粗断线"应位于标高高的一侧。

【评析】

1. 难度适中 ★★★☆☆。

2. 本题与上题不同处在于：根据平面方格网而不是等高线绘出场地剖面；虽无绘出

场地上空可建范围的内容，但在平面图上绘出可建范围线的要求则较上题稍难。

3. 数据简单明确、绘制方便，题目的设计干净利落。

4. 其他应试教材无此题。

■ 场地剖面试题Ⅱ. 4.98

【试题】

一、比例：见图Ⅱ. 4.98 – 1（单位：m）。

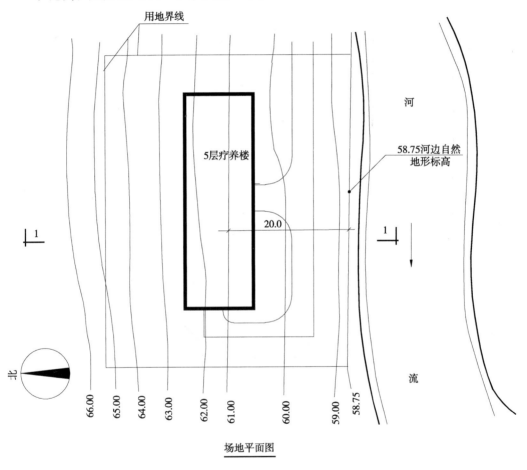

场地平面图

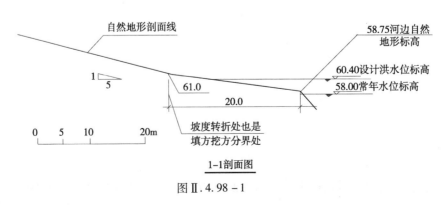

1-1剖面图

图Ⅱ. 4.98 – 1

二、设计条件

在沿河坡地上拟建五层疗养楼一栋（层高 3.6m，室内外高差 0.3m），场地平面及已知条件如图Ⅱ.4.98 - 1 所示。

三、任务要求

1. 场地设计标高应高出设计洪水位标高 0.6m。要求场地填挖方平衡（不考虑建筑物基础、管沟、道路的土方量及松土系数），并确定北边挡土墙的位置。

2. 在平面上画出挡土墙、截洪沟及防洪堤，标注场地设计标高。东、西挡土墙退用地界线 3m，截洪沟距挡土墙顶 2m。

3. 在已给的自然地形（1 - 1）剖面图上，绘出设计的剖面（含挡土墙、截洪沟、建筑物、道路及防洪堤），并标注场地设计标高。

【答案】

作图答案见图Ⅱ.4.98 - 2。

【考核点】

1. 土方平衡；

2. 挡土墙；

3. 场地剖面。

【提示】

1. 根据"任务要求 1"和场地自然地形剖面图，场地设计标高应为 60.4m + 0.6m = 61.0m，画出该场地设计地面线，并据此计算出北边挡土墙与 61.00 等高线点的距离 $x = 15m$，以达到填、挖方基本平衡。其计算公式如下：

$$\frac{\frac{1}{5}x \cdot x}{2} = \frac{(61.00 - 58.75) \cdot 20}{2}$$

$$\frac{x^2}{5} = 2.25 \cdot 20$$

$$x^2 = 225$$

$$x = 15m$$

2. 按以下提示补画平面图

（1）根据上述计算，北侧挡土墙距 61.00 等高线点 15m。

（2）东、西侧挡土墙根据"任务要求 2"，距用地界线内侧 3m。

（3）特别应注意，挡土墙图例在零线（61.00 等高线）两边的不同画法（"粗断线"在标高高的一侧），以及挡土墙与道路和防洪堤相接处的表达。

（4）北、东、西三面的截洪沟距挡土墙顶 2m，并排入河道。

3. 按以下提示补画剖面图

（1）对应平面图，在场地设计地面线上加绘建筑物、道路、防洪堤（含护栏）、挡土墙和截洪沟的示意剖面。

（2）标注场地设计标高值 61.00m 和北侧挡土墙及截洪沟的定位尺寸（15m 及 2m）。

【评析】

1. 难度适中 ★★★☆☆。

2. 关键在于根据土方平衡的条件顺利求出北侧挡土墙位置，否则也很难在限时内完成。

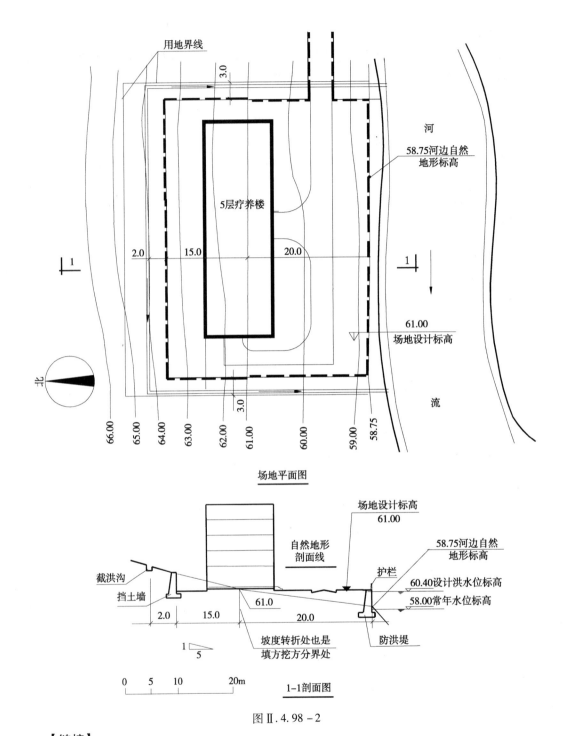

场地平面图

图Ⅱ.4.98-2

1-1剖面图

0 5 10   20m

【链接】

1.〈陈磊编指南〉例题的答案如图Ⅱ.4.98-3所示。与本书答案有如下不同。

(1)取消了土方平衡的要求,挡土墙及排水沟均按内退地界2m定位。

(2)疗养楼以北的地面有1%的坡度,以此可求出北侧挡土墙脚处的标高。

(3)室内外高差改为0.6m,以便确定道路中心线处的标高。

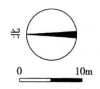

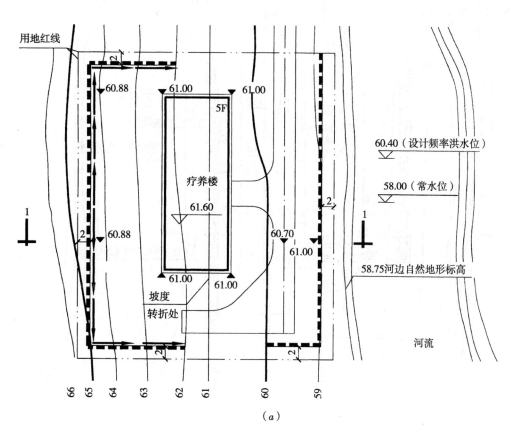

（a）

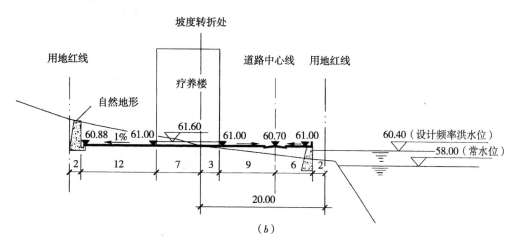

（b）

图Ⅱ.4.98－3

（a）场地平面图；（b）1-1剖面图

（4）设计地面与自然地面高差＜1m时不设挡土墙，故东西两侧的挡土墙均止于62m和60m自然等高线处。但该范围内的地面难以处理，故挡土墙仍应至61m等高线处。

2. 〈任乃鑫编作图〉例题的答案如图Ⅱ.4.98－4所示。与本书答案不同处如下：

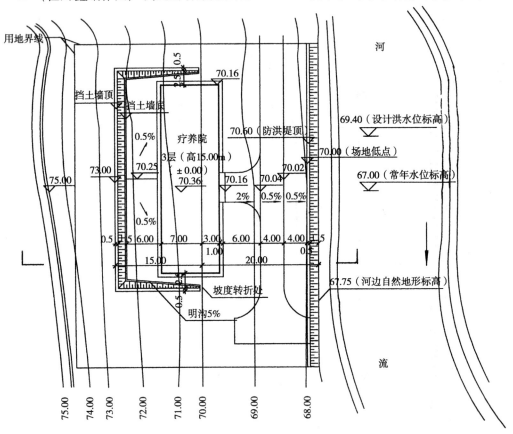

场地平面图1:500

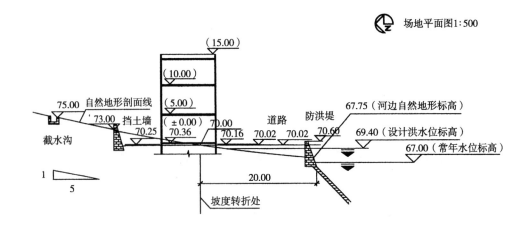

场地剖面图1:500

图Ⅱ.4.98－4

（1）改变了已知的标高数值，但题意基本未变。

（2）未限定东西两侧挡土墙的位置，故距疗养楼山墙≥2m即可，过于随意。

（3）截水沟距北侧挡土墙2m，应系指水平距离。现理解为在高于挡土墙顶标高2m处，故已在地界之外。

（4）给出的标高系统比本书高10m。

3.〈耿长孚编考题〉和〈曹纬浚编作图〉的答案，还加绘了室外场地的地面坡度与坡向，致使标高表达较复杂。基本如图Ⅱ.4.98-4所示，但标高系统同本书。

■ 场地剖面试题Ⅱ.4.99

【试题】

一、比例：见图Ⅱ.4.99-1（单位：m）。

二、设计条件

1. 已建高层建筑与城市道路间为建筑用地，其剖面及尺寸如图Ⅱ.4.99-1所示。

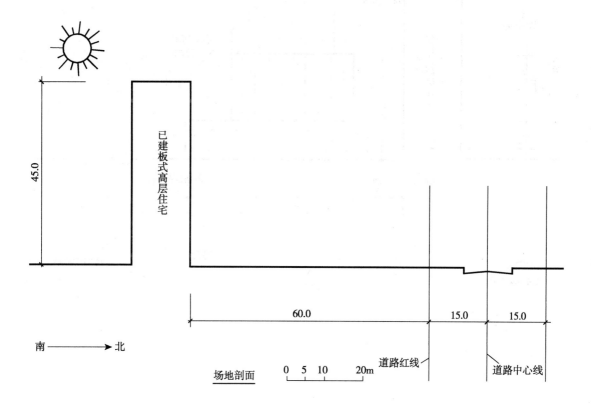

图Ⅱ.4.99-1

2. 已建高层建筑位于场地南侧。

3. 拟建建筑高45m，其中10m高度以下为裙房商场（退道路红线5m），10～27m高度内为办公，27～45m高度内为住宅，均退道路红线17m。

4. 城市规划要求，沿街建筑高度不得超过以道路中心为原点的45°控制线。

5. 当地住宅的日照间距为1:1（从楼面算起）。

6. 与已建高层建筑之间还应满足防火间距的要求（按相对外墙均开窗考虑）。

三、任务要求

1. 在已给的剖面图上画出场地的最大可建范围断面，住宅用 ▨ 表示，办公用 ▦ 表示，商场用 ▤ 表示。

2. 同时注出与已建高层建筑及道路红线之间的有关间距尺寸和高度尺寸。

【答案】

作图答案见图Ⅱ.4.99-2。

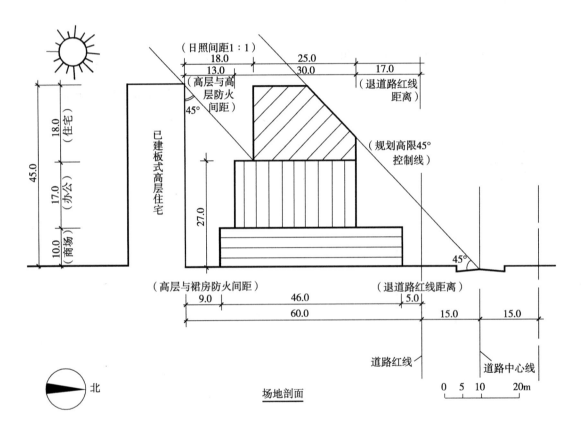

图Ⅱ.4.99-2

【考核点】

1. 防火间距；

2. 日照间距；

3. 沿街建筑的高度控制线；

4. 建筑与道路红线的关系。

【提示】

1. 根据"设计条件1、3、6"和《建规》第5.2.2条，商场屋面线距地面高度为10m，商场北界距道路红线5m，南界距已建高层建筑9m。

2. 同理，可在距地面27m处画出办公层屋面线，办公层北界距道路红线17m，南界

102

与已建高层建筑的间距为 13m。

3. 根据"设计条件 1、3、4、5、6"，距办公层屋面线 18m 处为住宅层屋面线，住宅层北界距道路红线 17m，二者与 45°高度控制线相交。已建高层建筑对住宅的日照遮挡高度为 18m，故住宅层南界距已建高层建筑亦为 18m。

【评析】

1. 难度适中 ★★★☆☆。

2. 本题答案易错处有二（图Ⅱ.4.99-3）：拟建高层建筑主体的 24m 以下部分（①区），不应执行多层或高层裙房的防火间距值（9m），故①区不应计入可建范围内；②区南缘垂直段（A 段）楼层虽然满足日照和防火间距，但南缘下斜段（B 段）楼层却无日照，故②区不应计入可建范围内。

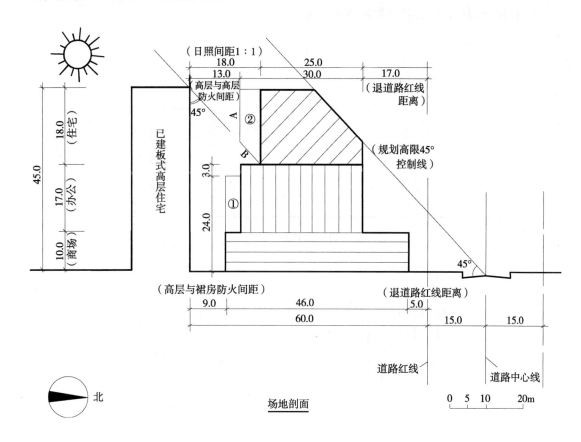

图Ⅱ.4.99-3

【链接】

其他应试教材的解答与本书分别有以下差异：

1. 取消了 45°规划限高控制线的要求，故拟建建筑沿街上部无斜角。

2. 增大了日照间距系数，故拟建的住宅楼层与已建住宅的间距变大。

3. 将拟建办公楼层 24m 以下部分，与已建住宅的防火间距减为 9m。但该楼层属于高层建筑的主体而非裙房，故仍应为 13m。

■ 场地剖面试题Ⅱ.4.00

【试题】

一、设计条件

1. 某场地剖面见图Ⅱ.4.00-1，拟在已建办公楼北侧新建办公楼和住宅楼各一栋，新建办公楼及住宅楼剖面见图Ⅱ.4.00-2。

2. 已建及新建建筑均为等长条形建筑，建筑方位均为正南北，并按行列式排列。

3. 当地住宅日照间距系数为1：1.5。

二、任务要求

1. 在满足消防及日照条件下布置新建建筑，并要求三栋建筑占地最少。

2. 标注场地剖面中各建筑物的水平距离。

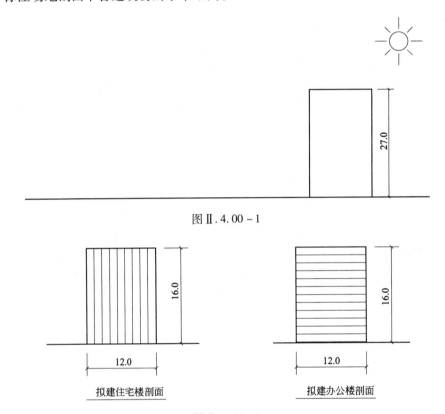

图Ⅱ.4.00-1

拟建住宅楼剖面　　　　拟建办公楼剖面

图Ⅱ.4.00-2

【答案及提示】

见图Ⅱ.4.00-3和图Ⅱ.4.00-4。

【评析与链接】

1. 难度适中 ★★★☆☆。

2. 两栋新建建筑的相对位置只有两种组合，同时再考虑日照间距、防火间距和功能要求，即可画出草图，正确答案则一目了然。

3. 仅〈耿长孚编考题〉有此题，且与本书同。

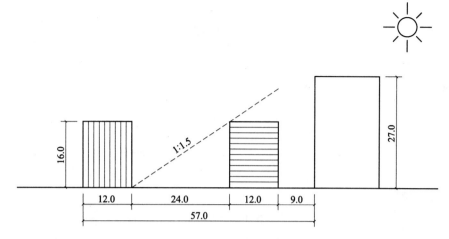

图Ⅱ.4.00-3（正确答案）

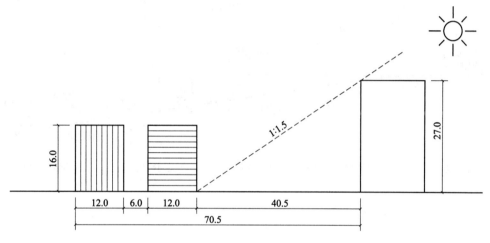

图Ⅱ.4.00-4（错误答案）

■ 场地剖面试题Ⅱ.4.01

【试题】

一、设计条件

某地下车库出入口外为一台地，其自然地形剖面如图Ⅱ.4.01-1所示。拟在用地范围内设置直线型汽车坡道，且要求填挖方平衡和土方量最小。

二、任务要求

绘出汽车坡道的剖面，标注各段的长度、高度、纵坡度和关键标高。

【考核点】

1. 汽车库坡道的最大纵坡度及缓坡段的设置；

2. 土方平衡和土方量的比较。

【答案及提示】

1. 答案见图Ⅱ.4.01-2。

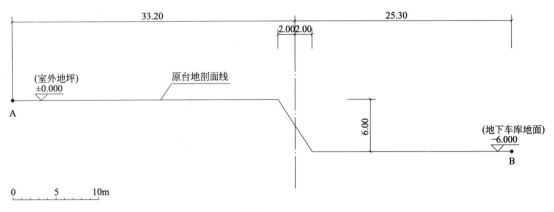

图Ⅱ.4.01-1

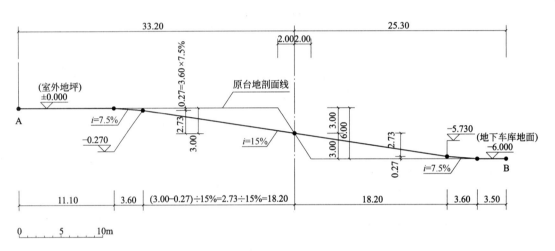

图Ⅱ.4.01-2

2. 首先应选择以自然地形斜坡的中点为土方平衡的零点（填、挖方区的高度均为6m÷2＝3m），再取汽车坡道为最大纵坡15%进行计算，才能确保其土方量平衡和最小。

3. 规范规定：汽车坡道纵坡度＞10%时，坡道的上下端均应设缓坡段。当为直线型坡道时，该缓坡段的坡度应为主坡段的1/2，其长度应≥3.6m。据此，可知上、下缓坡段的高度应为：$3.6m×(15%÷2)=3.6m×7.5\%=0.27m$，变坡点的标高分别为 $-0.27m$ 和 $-5.73m$。

4. 填挖方区15%坡度主坡段的长度则均为：$(3.0-0.27)÷15\%=2.73÷15\%=18.2$（m）。

【评析与链接】

1. 难度适中 ★★★☆☆。

2. 〈陈磊编指南〉中的此题，还绘出了缓坡段为曲线型的解答，与设计条件矛盾。且计算和绘制复杂，难度太大。

3. 〈耿长孚编考题〉对此题则增加了两个解答：

（1）全坡道均为12%坡度的及格答案，但与坡道坡度＞10%时应设置缓坡段的规定不符，似不可取。

（2）用平面作图法作出的解答，但实为缓坡段为曲线型时的答案，与"正确答案"

并不对应，且有违坡道均为直线的题意，也不可取。

4. 〈张清编作图题〉2.4.1 的答案相同，仅缓坡点的求法有异，以及在条件图中未限定 A、B 点的距离，但对答案无影响。

4.2　2003 年及以后的试题

场地剖面试题各书解答对照（2003 年及以后）　　　　　　表Ⅱ.4.2

书名（简称）	张清编作图题	本书（第Ⅱ篇）	耿长孚编考题	曹纬浚编作图	陈磊编指南	注册网编作图	注册网编题解	任乃鑫编作图	研究组编作图
代号	⑧	⑨	①	②	③	④	⑤	⑥	⑦
2003 年	未考此类题								
2004 年	2.4.3	Ⅱ.4.04	V	—	V	—	V	V	
2005 年	2.4.4	Ⅱ.4.05	V	V	V	—	V	V	
2006 年	2.4.5	Ⅱ.4.06	X	同①	V	X	同④	同④	—
2007 年	2.4.6	Ⅱ.4.07	V	V	V	X	V	同④	V
2008 年	2.4.7	Ⅱ.4.08	V	V	V	X	同④	同④	
2009 年	2.4.8	Ⅱ.4.09	X	同①	同①	X	同④	同④	
2010 年	2.4.9	Ⅱ.4.10	XX	V	V	—	V	V	V
2011 年	2.4.10	Ⅱ.4.11	V	V	V	—	V	V	—
2012 年	2.4.11	Ⅱ.4.12	V	V	V	V	V	V	—
2013 年	2.4.12	Ⅱ.4.13	V	V	V	—	V	V	—
2014 年	2.4.13	Ⅱ.4.14	X	同①	同①	—	—	同①	
2017 年	2.4.14	Ⅱ.4.17	—	V	V	未	出	新	版
2018 年	2.4.15	Ⅱ.4.18	—	V	V	未	出	新	版
说明	试题答案	评析链接	其他辅导书的同题解答：— 无此题　　V 相同　　X 稍异　　XX 不同（X 和 XX 者在本书的链接中阐述）						

■ 场地剖面试题 Ⅱ.4.04（同〈张清编作图题〉2.4.3）

【评析与链接】

1. 三栋拟建建筑的位置共有 6 种排列组合，只有首先确定高层住宅位于最北侧，才能减为 2 种，从而迅速获得正确答案。否则在限时内很难完成。

2. 其他辅导书的答案均同。

〈耿长孚编考题〉作者从实际工程出发，提出尚应"考虑计入北端建筑的日照影响区长度"，但势必更加复杂。故在设计条件中应明确不考虑此因素，既可提示考生，又可简化试题。

■ **场地剖面试题 Ⅱ.4.05**（同〈张清编作图题〉2.4.4）

【评析与链接】

1. 难度适中 ★★☆☆。

2. 两个答案分别以日照间距和防火间距为主要考核点，集中而明确。给出的数据均较规整，运算简单。

3. 其他辅导书均与本题相同。

■ **场地剖面试题 Ⅱ.4.06**（同〈张清编作图题〉2.4.5）

【评析与链接】

1. 难度适中 ★★☆☆。

2. 如误将北侧 10 层住宅归入低层建筑，则与其相关的防火间距均错。

3. 拟建商住楼为高层建筑，故其 2 层和 3 层与已建住宅的间距应为防火间距 13m。

4. 该书对商住楼每层与已建住宅的日照间距均进行计算，不如画日照线解题更简单明了。其他辅导书仅将已建建筑的间距减为 68.6m 或 69.6m，故商住楼顶层进深相应减至 11.0m 或 12.0m，别无他异。

■ **场地剖面试题 Ⅱ.4.07**（同〈张清编作图题〉2.4.6）

【评析与链接】

1. 解题的关键在于：根据经验或直觉迅速确定拟建台地的标高和水平位置，以满足土方量最小且就地平衡的要求。

2. 欲证明该结论，数学运算颇为繁杂，在限时很难完成。因为必须证明以下两点：

（1）只有当拟台地标高为 52.00 时，土方量才最小，且就地平衡，其解答见图 Ⅱ.4.07 - 1。

（2）拟建台地标高为 52.00 时，也只有当 20m 宽的该台地位于坡地中间，且两端各距坡顶和坡底 10m 时，土方量才最小，且就地平衡。其解答见图 Ⅱ.4.07 - 2。

由于拟建建筑宽 10m，且与挡土墙上、下沿的净距应分别 ≥3m 和 2m，故 52.00 标高台地的最小宽度应 ≥15m（10m + 3m + 2m）。也即即图 4.2.7 - 2 中的 $x \leqslant 12.5m$（20m - 15m ÷ 2）。

3. 当要求土方量最小且就地平衡时，该题的唯一正确答案（A）如图 Ⅱ.4.07 - 3 所示，多数辅导书均同。其拟建建筑与原有建筑（A）的最小距离为 18m。

图 Ⅱ.4.07 - 4 所示答案（B）的此值虽为 16m，但根据图 Ⅱ.4.07 - 2（A），其土方量应为：

$8^2 \div 5 - 4 \times 8 + 40 = 12.8 - 32 + 40 = 20.8$（m³），该值大于答案（A）的 20m³，故实为错答。

同样，图 Ⅱ.4.07 - 5 所示答案（C）的此值也为 16m，但根据图 Ⅱ.4.07 - 2（B），可知其土方量为最大值 40m³，故也为错答。〈注册网编作图〉即为此答案。

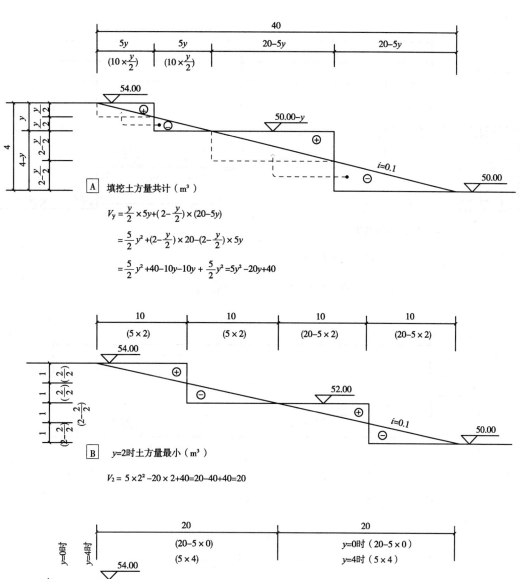

A 填挖土方量共计（m³）

$$V_y = \frac{y}{2} \times 5y + \left(2-\frac{y}{2}\right) \times (20-5y)$$

$$= \frac{5}{2}y^2 + \left(2-\frac{y}{2}\right) \times 20 - \left(2-\frac{y}{2}\right) \times 5y$$

$$= \frac{5}{2}y^2 + 40 - 10y - 10y + \frac{5}{2}y^2 = 5y^2 - 20y + 40$$

B $y=2$时土方量最小（m³）

$$V_2 = 5 \times 2^2 - 20 \times 2 + 40 = 20 - 40 + 40 = 20$$

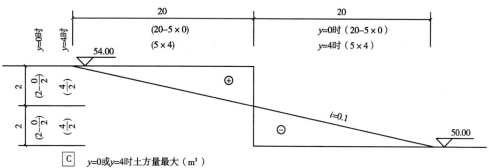

C $y=0$或$y=4$时土方量最大（m³）

$$V_0 = 0 - 0 + 40 = 40 \qquad V_4 = 5 \times 4^2 - 20 \times 4 + 40 = 80 - 80 + 40 = 40$$

且为二阶台地，不符合设计要求，故$0<y<4$

图Ⅱ.4.07－1

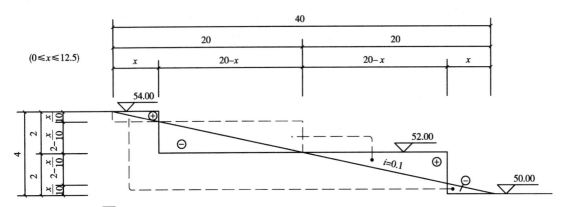

$(0 \leqslant x \leqslant 12.5)$

<boxed>A</boxed> 填挖土方量共计（m³）

$$V_x = \frac{x}{10} \times x + (2 - \frac{x}{10}) \times (20 - x)$$

$$= \frac{x^2}{10} + (2 - \frac{x}{10}) \times 20 - (2 - \frac{x}{10}) \times x = \frac{x^2}{10} + 40 - 2x - 2x + \frac{x^2}{10} = \frac{x^2}{5} - 4x + 40$$

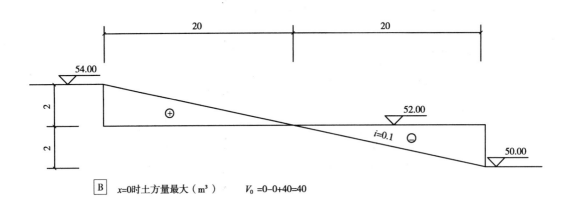

<boxed>B</boxed> $x=0$ 时土方量最大（m³）　　$V_0 = 0 - 0 + 40 = 40$

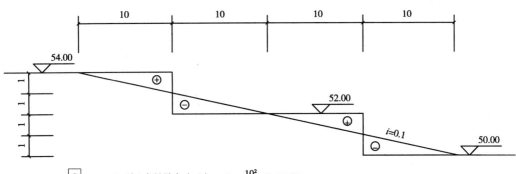

<boxed>C</boxed> $x=10$m 时土方量最小（m³）　　$V_{10} = \frac{10^2}{5} - 40 + 40 = 20$

图 II.4.07－2

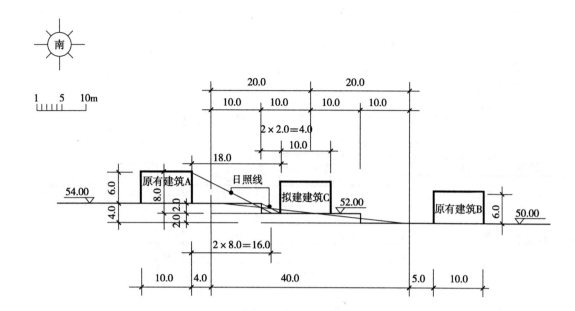

图Ⅱ.4.07-3（答案 A）

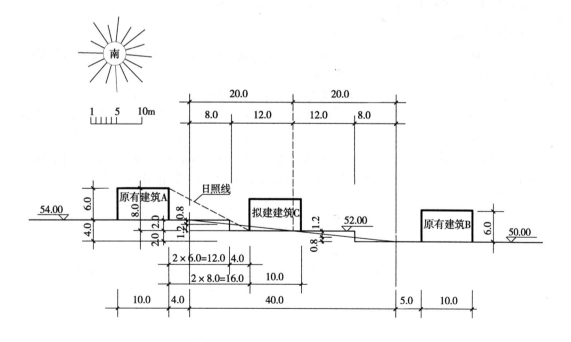

图Ⅱ.4.07-4（答案 B）

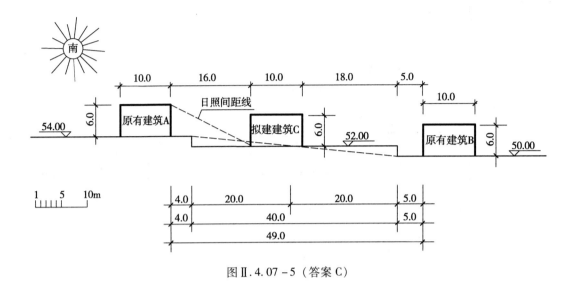

图Ⅱ.4.07－5（答案C）

■ **场地剖面试题Ⅱ.4.08**（同〈张清编作图题〉2.4.7）

【评析与链接】

1. 其他辅导书的答案基本相同。拟建建筑剖面的最大可建范围，仅宽度因给出的场地尺寸不同而有别，最高点因有无限高而异。

2. 在各辅导书的答案中，拟建建筑北墙的高度均相同，其原因如下：

（1）〈陈磊编指南〉将学校的日照间距系数改为街道限高的长宽比（仍为1：2）。故拟建建筑北墙的高度仍为88m÷2＝44m（图Ⅱ.4.08－1）。

（2）另有三册辅导书将学校日照间距系数改为1.5，但学校与拟建建筑的间距也从88m减至66m，故拟建建筑北墙的高度仍为66m÷1.5＝44m（图Ⅱ.4.08－2）。

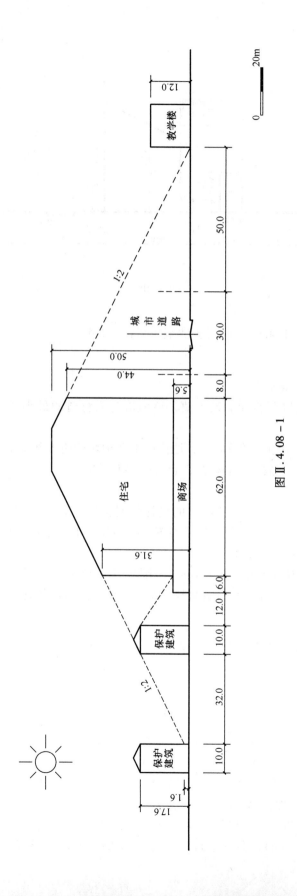

图 II.4.08 - 1

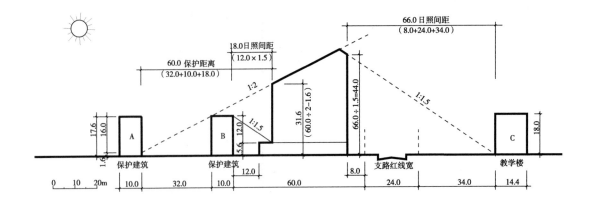

图Ⅱ.4.08-2

■ **场地剖面试题Ⅱ.4.09**（同〈张清编作图题〉2.4.8）

【评析】

1. 难度适中 ★★★☆☆。

2. 本题考查了围墙距路缘的最小值，该值恰与人行道的最小宽度相同，可供人行、绿化或埋设管线之需。

3. 在〈张清编作图题〉的答案中，原南侧1:2护坡的高差并未给出，故其高度0.9m和长度1.8m无法得知，故可不必标注，且对解题无影响。

【链接】

1. 其他辅导书中的答案，由于给出的设计数据稍异（如日照间距系数、商场的高度和进深、拟建高层住宅的进深等），致使答案的距离尺寸彼此不同。还有的商场位置也未给定，但基本题意未变，故无需图示。

2. 有的辅导书还给出围墙厚度0.3m，且围墙与路缘的距离取围墙中心线，似无必要。因规范并未明确此点，一般多取围墙面与路缘的净距。还有的场地尺寸仍以毫米为单位，有悖于制图规定。

■ **场地剖面试题Ⅱ.4.10**（同〈张清编作图题〉2.4.9）

【评析与链接】

1. 难度较大 ★★★★☆。

2. 如不能很快判定9层住宅应沿城市道路布置，则很难在限时内完成。〈耿长孚编考题〉的答案即将11层住宅沿街布置致使改建商店与其贴建，显然有违题意。

3. 9层住宅的定位，如取其与已建住宅的日照间距（40.5m），则其距道路红线为40.5m－18m－15m＝7.5m＜11.5m（正确答案值）、距商店增至30m－7.5m－11m＝11.5m。但有违设计条件，仍应视为错误答案。

4. 如允许会所可以位于古树与11层住宅之间，则11层住宅与9层住宅的间距由日照控制（33m×1.5＝49.5m），会所与11层住宅的防火间距和日照间距（6.0m×1.5）均为

9m，会所距古树 12m。详见图Ⅱ.4.10。

5. 其他辅导书中此题基本相同，但道路红线宽度和已知建筑的间距有变化，故答案仅数值有异。

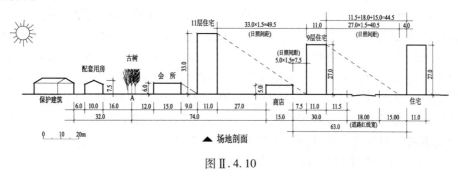

图Ⅱ.4.10

■ **场地剖面试题Ⅱ.4.11**（同〈张清编作图题〉2.4.10）

【评析与链接】

1. 难度适中 ★★★☆☆。

2. 如仅将"建筑限高 45m"改为"应使内院最大"，而其他条件不变，则答案如图Ⅱ.4.11-1所示。其解题步骤如下：

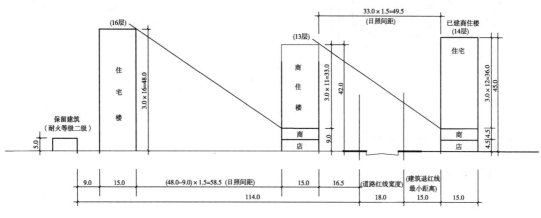

图Ⅱ.4.11-1

（1）欲使内院最大则应将拟建商住楼位于距道路红线 15m 处，其与已建商住楼的间距则为 15m + 18m + 15m = 48m。根据日照间距系数，可知拟建商住楼住宅部分的最大高度为 48m ÷ 1.5 = 32m。已知层高 3m，则其层数应为 10 层但尚余 2m，故应增至 11 层，其高度为 3m × 11 = 33m。其与已建商住楼的间距增至 33m × 1.5 = 49.5m，即拟建商住楼距道路红线增至 16.5m，其总层数为 11 层 + 2 层 = 13 层。

（2）拟建住宅楼与拟建商住楼的距离则为：

$114m - 9m - 15m \times 2 - 16.5m = 58.5m$。拟建住宅 9m 以上的高度则为 $58.5m \div 1.5 = 39m$，即 $39 \div 3 = 13$（层），故拟建住宅楼的总层数应为 13 层 + 3 层 = 16 层。

3. 如将"建筑限高"和"内院最大"两项设计条件均取消（其他条件不变），则"内院最小"的答案如图Ⅱ.4.11 – 2 所示。将该图与图Ⅱ.4.11 – 1 和答案对照分析，可知拟建住宅楼和商住楼的总层数（29 层）和总高度（90m）为定值。只要将拟建住宅楼增加一层，拟建商住楼相应减少一层，并将其位置向道路方向移动 $3m \times 1.5 = 4.5m$，即可获得一组新的位置组合。也即答案的多解为：5 层 + 24 层（内院最小）、6 层 + 23 层、7 层 + 22 层、8 层 + 21 层……14 层 + 15 层、15 层 + 14 层（建筑限高 45m）、16 层 + 13 层（内院最大）。

综上所述，为了确保正确答案的唯一性，无论是命题人还是应试者，对设计条件的设置均应高度审视，否则将失之毫厘，谬之千里！

4. 其他辅导书的该题与本书同。

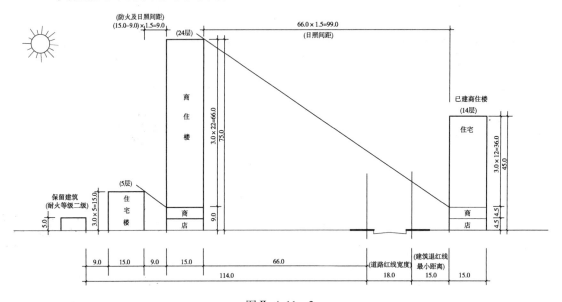

图Ⅱ.4.11 – 2

■ **场地剖面试题Ⅱ.4.12**（同〈张清编作图题〉2.4.11）

【评析与链接】

1. 〈张清编作图题〉在解题方法中指出：由于通视线与日照线交点的高度 CD = 21m，故拟建商场只能为四层的多层建筑。但未证明该高度如何求得，现补充计算，如图Ⅱ.4.12 – 1 所示。

2. 〈陈磊编指南〉则根据拟建商场四层屋面距通视线与日照线交点的高度 cd = 3.357m（≈3.4m）＜商场的层高 4.5m，从而证明拟建商场为四层的多层建筑。但也未证明该值如何求得。现补充如图Ⅱ.4.12 – 2 所示。

3. 综上可知，为证明拟建商场只能为四层的多层建筑，计算过程均较复杂，导致该题很难在限时内完成。

而且，如此严谨的思考与表达，也不一定是命题人的意图。因为在该题的任务要求中，只需"绘出拟建商场剖面的最大可建范围，标注相关尺寸及建筑层数，计算出一、二

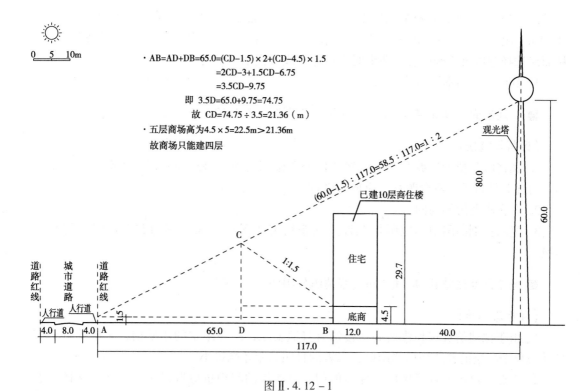

$\cdot$ AB=AD+DB=65.0=(CD$-$1.5)$\times$2+(CD$-$4.5)$\times$1.5

$\qquad$ =2CD$-$3+1.5CD$-$6.75

$\qquad$ =3.5CD$-$9.75

$\quad$即 3.5D=65.0+9.75=74.75

$\quad$故 CD=74.75$\div$3.5=21.36（m）

$\cdot$ 五层商场高为4.5$\times$5=22.5m$>$21.36m

故商场只能建四层

图Ⅱ.4.12－1

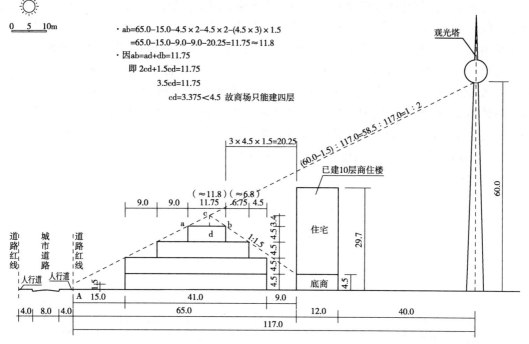

$\cdot$ ab=65.0$-$15.0$-$4.5$\times$2$-$4.5$\times$2$-$(4.5$\times$3)$\times$1.5

$\qquad$ =65.0$-$15.0$-$9.0$-$9.0$-$20.25=11.75$\approx$11.8

$\cdot$ 因ab=ad+db=11.75

$\quad$即 2cd+1.5cd=11.75

$\qquad$ 3.5cd=11.75

$\qquad$ cd=3.375$<$4.5 故商场只能建四层

图Ⅱ.4.12－2

层剖面面积"。因此，在有的辅导书中，仅标注拟建商场的层高4.5m、一和二层的剖面尺寸41m、距人行道15m和距已建住宅9m，并从绘图中确定商场只能为四层的多层建筑，从而对选择题也可正确回答，在限时内迅速完成，且基本不失分。

4. 其他各书与本题解答均同。

■ **场地剖面试题 Ⅱ.4.13**（同〈张清编作图题〉2.4.12）

【评析与链接】

1. 如将服务楼沿护坡布置，虽然两栋公寓楼间的内院可达66m，但大部分在阴影区内，日照条件较差，不合题意，应视为错答。

2. 各书本题解答均同。

3. 提示：剖面图中不应画指北针。〈张清编作图题〉和〈任乃鑫编作图〉均有此疏忽。

■ **场地剖面试题 Ⅱ.4.14**（同〈张清编作图题〉2.4.13）

【评析与链接】

1. 由于拟建的贵宾和普通病房楼均有日照要求，故在限定的用地内，多层的贵宾病房楼应位于高层的普通病房的南侧，二者的日照间距才能最小。

2. 据此，高层的普通病房与保留的门、急诊楼的间距也应取最小值，然后该楼与老年公寓的距离则为二者日照间距的最大值，从而反算出该楼允许的最大高度和层数。

问题在于，高层普通病房楼与多层门、急诊楼的间距，根据《医设规》第4.2.6条的规定，应为12m，而不是《建规》相应规定的防火间距9m。而〈张清编作图题〉的答案正是采用了后者，导致选择题2错答。但无论该间距为12m或9m，普通病房楼的最大可建高度仍均为45.5m（11层），因如为12层（49.5m）则对老年公寓有日照遮挡。

3. 根据设计条件，多层贵宾病房楼最少应退场地变坡点5m。定位后再验证该楼与普通病房楼的最小日照间距应为（16.0m－5.5m）×2＝21m，实际可达22m。如普通病房楼与门、急诊楼的间距选为9m，则增至25m，但应视为错答。

4. 其他辅导书本题的答案均如图Ⅱ.4.14所示。

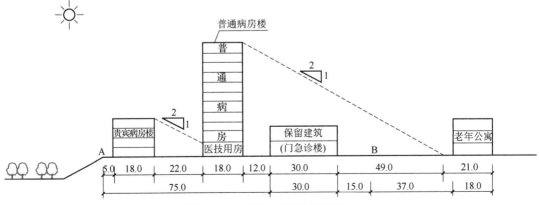

图Ⅱ.4.14（摘自〈陈磊编指南〉）

《医设规》第4.2.6条规定："病房建筑的前后间距应满足日照和卫生要求，且不宜小于12m"。为较生僻条文，故在本试题的设计条件中应给出为好。

■ **场地剖面试题Ⅱ.4.17**（同〈张清编作图题〉2.4.14）

【链接】
〈耿长孚编考题〉无此题。其他辅导教材的答案同本书。

■ **场地剖面试题Ⅱ.4.18**（同〈张清编作图题〉2.4.15）

【评析与链接】
1. 〈张清编作图题〉的答案图中，漏注平整后中间台地的标高15.50。
2. 〈耿长孚编考题〉无此题。其他辅导教材的答案同本书。

4.3 试题分类索引

场地剖面试题分类索引　　　　　　　　　　　　　　　　　　表Ⅱ.4.3

试题分类	题　　号
在场地剖面图上确定拟建建筑的位置	Ⅱ.4.00、Ⅱ.4.04（2.4.3）、Ⅱ.4.05（2.4.4）、Ⅱ.4.07（2.4.6）Ⅱ.4.09（2.4.8）、Ⅱ.4.10（2.4.9）、Ⅱ.4.13（2.4.12）Ⅱ.4.18（2.4.15）
在平坦的场地上确定拟建建筑的竖向可建范围或位置与层数	Ⅱ.4.99、Ⅱ.4.06（2.4.5）、Ⅱ.4.08（2.4.7）、Ⅱ.4.12（2.4.11） -------- Ⅱ.4.11（2.4.10）、Ⅱ.4.14（2.4.13）、Ⅱ.4.17（2.4.14）
确定室内外标高	Ⅱ.4.94、Ⅱ.4.96、Ⅱ.4.98
确定汽车库出入坡道的坡度	Ⅱ.4.01.（2.4.1）
在坡地上绘制可建用地的最大范围线	Ⅱ.4.97 -------- 参见：场地分析Ⅱ.2.97、场地地形Ⅱ.3.08（4.3.8）和Ⅱ.3.17（4.3.15）

第5章 停 车 场

5.1 2003 年以前的试题

停车场试题各书解答对照（2003 年以前）　　　　　　表Ⅱ.5.1

书名	简称	本书（第Ⅱ篇）	耿长孚编考题	曹纬浚编作图	陈磊编指南	注册网编作图	注册网编题解	任乃鑫编作图	研究组编作图	张清编作图题
	代号	⑨	①	②	③	④	⑤	⑥	⑦	⑧
年份及题号	1994 年	Ⅱ.5.94	X	—	—	—	—	—	—	—
	1995 年	停考								
	1996 年	Ⅱ.5.96	—	—	—	—	—	—	—	—
	1997 年	Ⅱ.5.97								
	1998 年	Ⅱ.5.98	X	同①.	X	—	—	—	—	—
	1999 年	Ⅱ.5.99	X	X.	—	—	—	X	—	—
	2000 年	Ⅱ.5.00	V	—	—	—	—	—	—	—
	2001 年	Ⅱ.5.01	XX	—	—	—	—	X	—	X
	2002 年	停考								
说明		试题、答案、评析、链接	其他辅导书的同题解答：— 无此题　V 相同　X 稍异　XX 不同（X 和 XX 者在本书的链接中阐述）·新版删除此题								

■ 停车场试题Ⅱ.5.94

【试题】

一、比例：见图Ⅱ.5.94-1（单位：m）。

二、设计条件

1. 某居住区计划建出租汽车站，有两处同等面积的站址可供布置。要求露天停车场的车位不小于 100 个，每个停车位宽 2.8m，长 6.0m。停车场内车行道宽 7.0m，并应贯通。

2. 沿用地界线周边后退留出 1.5m 宽的绿化带（不含进出站的道路部分），当两停车带背靠背布置时，停车带之间也应留出不小于 1.5m 宽的绿化带。

3. 停车场入口处设管理室（长×宽＝5m×5m）和候车室（长×宽＝10m×5m）各一栋。

4. 场地四周确定了 6 点设计控制标高，如图Ⅱ.5.94 所示。

三、任务要求

1. 选择一个你认为正确的站址进行布置（如两个站址同时作图，则答案无效）。

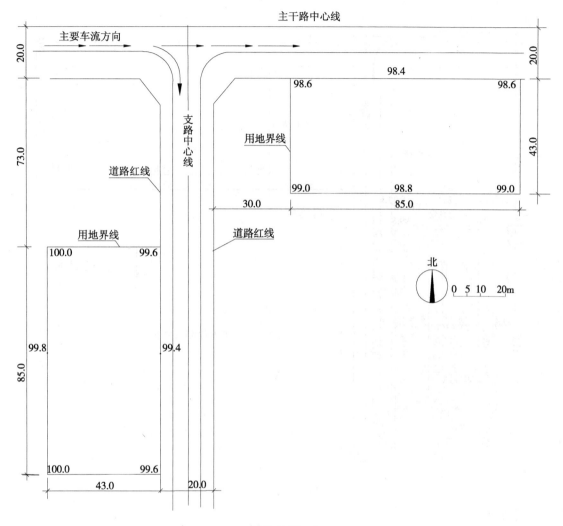

主干路中心线

主要车流方向

支路中心线

道路红线

用地界线

北

0 5 10 20m

用地界线

道路红线

20.0

73.0

85.0

20.0

43.0

20.0

30.0

85.0

43.0

20.0

98.4

98.6

98.6

99.0

98.8

99.0

100.0

99.6

99.8

99.4

100.0

99.6

图Ⅱ.5.94－1

2. 绘出停车场布置图，表示出停车带（不必画出车位，标出停车数即可）、车行道、绿化带、管理室和候车室的位置，以及相关尺寸。

3. 根据设计控制标高，绘出停车场内场地平整后的设计等高线（等高距为0.1m）并定出雨水井的位置。

【答案】

作图答案见图Ⅱ.5.94－2。

【考核点】

1. 停车场的选址及出入口的数量；

2. 停车带与车行道的布置，以及停车数量；

3. 绿化带及附属用房的布置；

4. 场地坡度及雨水的排除。

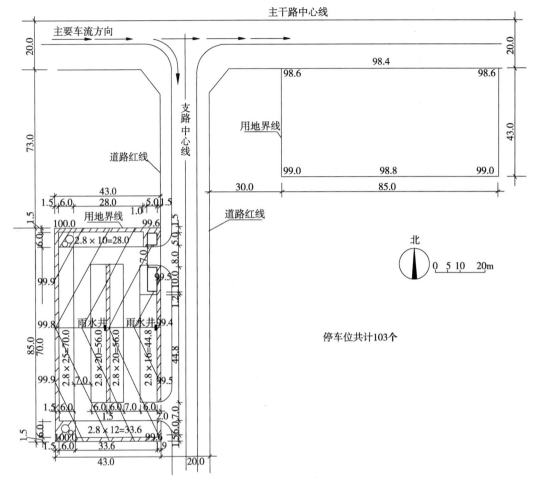

图 Ⅱ.5.94 - 2

【提示】

1. 停车数量要求不少于 100 个，属于中型停车场（51～300 个）。

2. 据此，停车场出入口应设两个，且不应该直接与城市主干道相连接，也即场址应选择与支路相临者。

3. 场内车行道呈"口"字形环路，顺畅方便，以两侧停车为主，利用率高，停车数量最多。按"设计条件 1"绘制车行道和各停车带，并标注相关的长、宽尺寸及停车数量。

4. 根据"设计条件 2、3"同时绘制绿化带和在一个出口处布置管理室和候车室各一栋。

5. 绘制场地设计等高线：

（1）分析已知的 6 个设计控制标高，可知场地由西北和西南坡向东侧中部。

（2）在场地四周用地界线和标高 99.80m 与 99.40m 连线（即汇水线）上，按 0.1m 等高距，分别量出标高 99.50、99.60、99.70、99.80m 及 99.90m 各标高点。

（3）连接上述同值标高点，则可得设计等高线。

6. 雨水井的定位：雨水井应位于场地汇水线的最低处，并考虑中间有绿化带阻隔，因此，应在标高 99.40m 和 99.60m 处分设两个雨水井。

【评析】

1. 难度适中 ★★★☆☆。

2. 本题系"1994 年辽宁省注册建筑师资格试点考试"的试题。考核点偏多、数据较零碎（如标高和车位宽），故在限时内难以完成。

【链接】

其他应试教材与本书答案主要有两点不同：

1. 多布置一栋管理室，故南停车带减少两个车位。

2. 候车室与车位间也布置不小于 1.5m 的绿化，故东停车带减少一个车位。

■ 停车场试题 Ⅱ.5.96

【试题】

一、比例：见图Ⅱ.5.96 – 1（单位：m）。

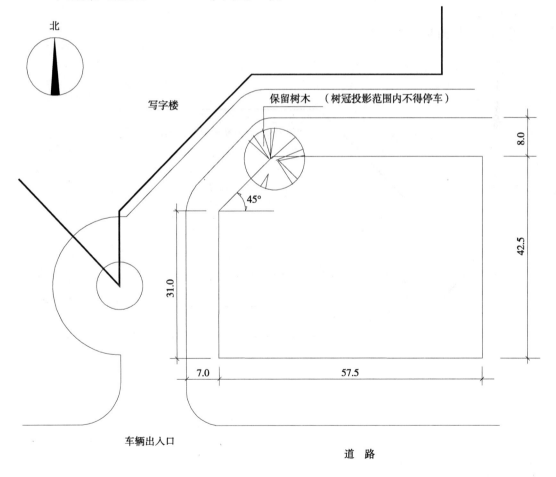

场地平面图

图Ⅱ.5.96 – 1

二、设计条件

1. 某写字楼出入口外设停车场一座，如图Ⅱ.5.96-1所示。

2. 要求停车位不少于57个，其中残疾人停车位不少于4个。每个停车位宽3m，长6m，残疾人停车位的一侧应设1.5m宽的轮椅通道（也可两个车位共用一条轮椅通道）。场内车行道宽7m，要求贯通。一律采用垂直方式停车。

3. 沿用地界线周边至少留出1.5m宽绿化带（残疾人停车处不设），当两停车带背靠背时，停车带间也应留出1.5m宽的绿化带。

三、任务要求

1. 绘出停车场出入口与已有场外车行道相连接。

2. 绘出停车场内各停车带的位置，注出相关尺寸和停车数量（可不绘停车线），以及总停车数量。

3. 绘出绿化带，用 ▨ 表示，并标注宽度。

【答案】

作图答案见图Ⅱ.5.96-2。

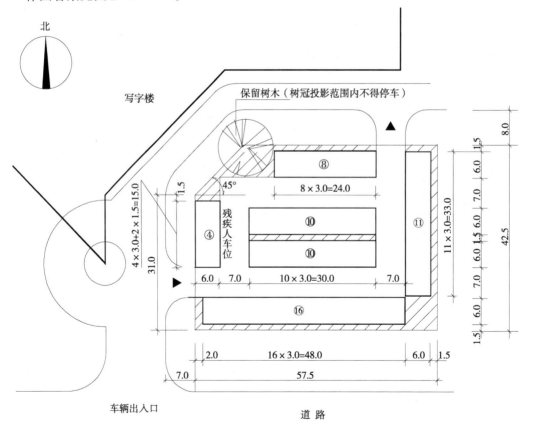

停车位共计59辆　　　　　　　　场地平面图

图Ⅱ.5.96-2

【考核点】

1. 停车场出入口的数量与位置；

2. 停车带与行车道的布置，以及停车数量；

3. 残疾人车位的布置；

4. 绿化带的布置。

【提示】

1. 要求停车位不少于 57 个，属于中型停车场（51～300 个），因此应设两个出入口。

2. 场内行车道呈"口字形"，通达顺畅，便于寻找空车位和车辆进出，同时利于两侧停车，以争取最多车位。出入口的位置以场内行车道延伸与场外道路相连最为合理，据此可判断出以下几点：

（1）西行车道向北延伸有保留树木阻挡，故不可能设出入口。

（2）北行道向西侧延伸可设出入口，但场外临弯道，行车不畅，故不可取。

（3）东、南行车道分别向北、西延伸，显然最为合理。

（4）保留树木东侧虽然也可设第二出入口（仍可保持与出入口有大于 15m 的净距），但场内外均需连续转弯行车，也非最佳方案。

3. 残疾人停车带应位于停车场西入口的北侧，以保证背靠场外人行道和最接近建筑物出入口。但两个残疾人停车位必须共用一条轮椅通道，并且在残疾人停车位的后端不设绿化带，才能使停车场南、西两边的长度（57.5m 和 31.0m）得以充分利用，从而达到最多的停车位数（59 个），同时残疾人停车位的布置也最合理。

【评析与链接】

1. 难度适中 ★★★☆☆。

2. 残疾人车位必须在该处才能布置 59 个车位。如改为普通停车位，其后要增加 1.5m 宽绿化带，致使中心停车带减少两个车位。

3. 树冠投影范围内不能布置停车位，源自美国试题，不知为何？

4. 其他应试教材无本题。

■ 停车场试题 Ⅱ.5.97

【试题】

一、设计条件

1. 某城市拟建停车场，有三处场址可供选择（见图Ⅱ.5.97-1）。要求停车位 > 100 个，采用垂直停车方式，车位尺寸为 3m×6m。场内行车道及出入口宽度均为 7m，并应贯通。

2. 在沿地界内侧和背对背停车带之间均布置不小于 2m 的绿化带。

3. 设 6m×6m 管理室 1 栋。

二、任务要求

1. 只能选择一处正确的场址。

2. 绘制该停车场的平面布置图，应表示停车带（不必画停车位，标出停车数量即可）、行车道、入口、出口、绿化带（用细斜线填充）和管理室，并标注相关尺寸。

3. 回答问题

（1）停车场的出入口数量为 [   ] 个。

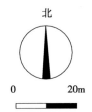

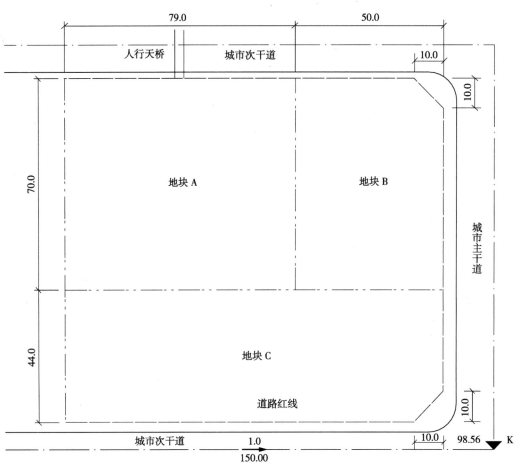

图Ⅱ.5.97－1

A. 1   B. 2   C. 3

（2）出入口距主干道交叉口红线的距离为〔   〕m。

A. 70   B. 80   C. 90

（3）停车位数量为〔   〕个。

A. 143   B. 146   C. 150

【答案】

1. 作图答案见图Ⅱ.5.97－2。

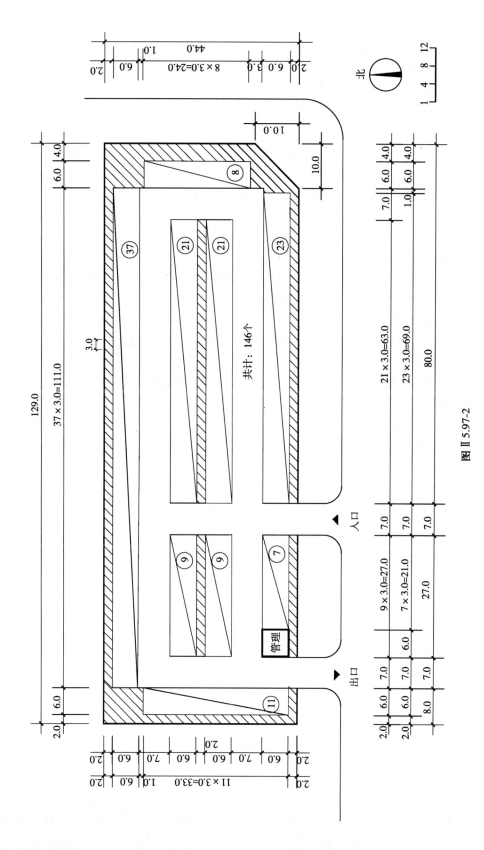

图 II 5.97-2

2. 问题答案：（1）B　　　（2）B　　　（3）B

【提示】

1. 出入口数量：因停车位 >50 个，故应设两个。

2. 场址选择

（1）B 地块长和宽均 <80m，其停车场出入口距主干道交叉口必然 <80m，不符合规定，故不可取。

（2）A 地块停车场的两个出入口均可开向次干道，但距人行天桥均 <50m，不符合规范规定，故也不可取。

（3）C 地块临次干道，且停车场的出入口距主干道交叉口可 ≥80m，故应选址于此处。

3. 停车带的布置

（1）先画无悬念的北停车带和西停车带。

（2）再画南停车带：先确定入口（距主干道交叉口 80m）和出口的位置。停车带则可随后定位，其中管理室应位于出口车辆前进方向的左侧。

（3）对应画中间停车带。因该为停车带车位 >50 个，根据《停车库、修车库、停车场设计防火规范》第 4.2.10 条，应分为间距 ≥6m 的两组。该间距宜与入口对位，宽度也取 7m，以便于行车。

（4）东停车带只能布置 8 个车位，否则东南斜角处绿化带的最窄点将 <2m。

【评析与链接】

1. 难度较大 ★★★☆。

2. 如将基地口与人行天桥的距离 ≥5m，用于停车场出入口，则会误认 B 地块也可选用。

3. 最易失分的是：中间停车带应分组布置，且组间距离应 ≥6m。

4. 考核点较多，停车位数量较大，很难在限时内完成。

5. 其他应试教材均无此题。

■ 停车场试题 Ⅱ.5.98

【试题】

一、比例：见图 Ⅱ.5.98－1（单位：m）。

二、设计条件

1. 某市拟建室外停车场一座，有 A、B 两处空地可供选择，位置如图 Ⅱ.5.98－1 所示。

2. 要求布置停车位 48～50 个，一律采用垂直方式停车，停车位尺寸为 3m×6m。其中残疾人车位不小于 4 个，停车位尺寸同前，但一侧应设 1.5m 宽轮椅通道，其后端应与人行道路相接。

3. 停车场内车行道宽 7m，并要求贯通。

4. 停车场入口处设 6m×6m 管理室一栋。

三、任务要求

1. 在两块空地中选择一处做停车布置，并绘出管理室的位置。

2. 绘出停车场内各停车带，布置残疾人车位，标明其长、宽尺寸及车位数（可不绘

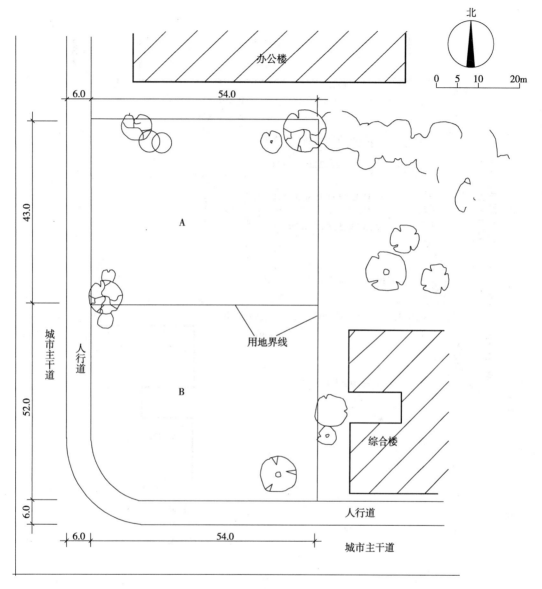

图Ⅱ.5.98 - 1

车位线）。

3. 沿用地界线周边应至少留出3m宽绿化带，当背靠背布置车带时，其间也应留出1m宽绿化带。绿化带用斜线标示，并注明宽度。树冠范围内不得停车。

【答案】

作图答案见图Ⅱ.5.98 - 2。

【考核点】

1. 停车场的选址及出入口的数量与位置；

2. 停车带与车行道的布置，以及停车数量；

3. 残疾人停车位的布置；

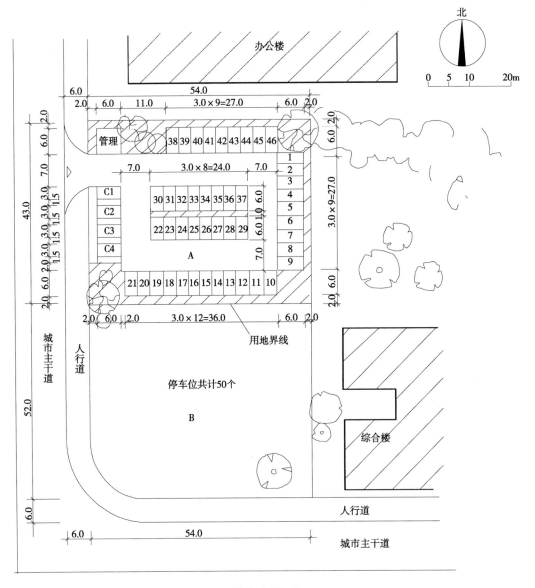

图Ⅱ.5.98－2

4. 绿化带及附属用房的布置。

【提示】

1. 停车数量要求48～50个，属小型停车场。

2. 据此，停车场出入口应设一个，其与城市主干道交叉口（自道路红线交点量起）的距离应不小于80m，故应选择A处做停车场设计。

3. 场内车行道呈"口"字形环路，贯通顺畅，且以两侧停车为主，故停车数量最多。

4. 残疾人停车位的布置：首先，其位置应靠近出入口，以利车辆进出；同时，还应靠近城市道路，以利轮椅通道的后端就近与人行道相通。因此，残疾人车位布置在停车场西侧，背靠城市道路最为合理。

5. 注意：绿化带在残疾人停车位的后部应取消，以便残疾人通行；在树冠范围内不得布置停车位。

【评析与链接】

1. 难度适中 ★★★☆☆。

2. 如场址选在 B 处，则出入口开在主、次干道均不可能满足与交叉路口相距 80m 的要求，故场址只能选在 A 处。尽管此时出入口开向主干道，但因规范的规定为"宜"，即当无法开向次干道时还是允许的。

3. 即便选址于 A 处，停车场的出入口还必须位于场地的北部，否则与交叉路口的距离仍小于 80m 的规定。

4. 场地尺寸减去绿化带后为（43m – 2 × 2m – 1m）×（54m – 2 × 2m）= 38m × 50m 大于 38m × 47m，故停车数 ≥50 辆，应设两个出入口（详见附录二）。但因树冠下不能停车和布置管理室，最后停车数减为 50 辆，仍为一个出入口。

5. 其他应试教材的该题与本书仅场地尺寸和树冠占地范围有别，故停车数量及中间绿化带的宽度不同，其他无异。

■ 停车场试题 Ⅱ.5.99

【试题】

一、比例：见图 Ⅱ.5.99 – 1（单位：m）。

二、设计条件

1. 拟在城市道路旁的坡地上修建小汽车停车场，如图 Ⅱ.5.99 – 1 所示。

2. 要求停车位不小于 53 个，其中残疾人停车位不少于 4 个。停车位尺寸为 3m × 6m，残疾人停车位的一侧应留出 1.5m 的轮椅通道（也可两个车位共用一条轮椅通道）。场内行车道宽 7m，要求在场内贯通，并一律采用垂直方式停车。

3. 停车场地面标高为 301.50m，出入口与城市道路设引道连接，其坡度应 ≤8%，否则，如需设缓坡段，其长度应 ≥3.6m。

4. 沿用地界线内侧至少留出 3m 宽绿化带，当停车带背靠背布置时，其间应设 2m 宽绿化带。场内树冠范围内不得停车。

5. 停车场入口处设 6m × 6m 管理室一栋。

三、任务要求

1. 绘出停车场出入口及引道的位置，标明引道的尺寸和坡度（含变坡点标高），以及确定管理室的位置。

2. 绘出场内行车道及停车带（含残疾人停车位）的位置，标明相关尺寸和停车数量（可不绘车位线）。

3. 用斜线标明绿化带的范围，并注写宽度。画出通向休息室的人行道。

【答案】见图 Ⅱ.5.99 – 2。

【考核点】

1. 停车场出入口的数量与位置；

2. 场外引道的设计；

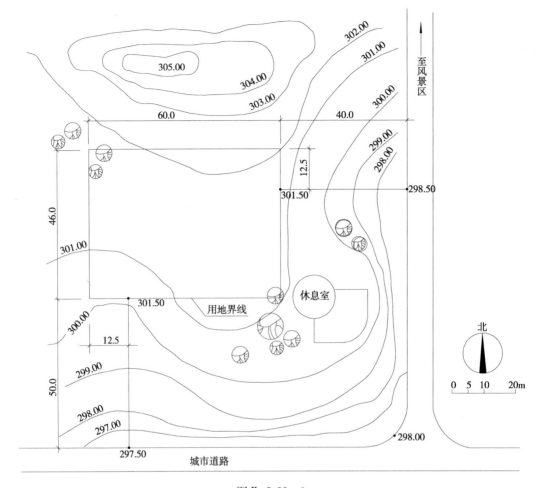

图Ⅱ.5.99－1

3. 场内行车道及停车带的布置，以及停车数量；

4. 残疾人停车位的布置；

5. 绿化带及附属用房的布置。

【提示】

1. 要求停车位不少于53个，属于中型停车场（51～300个），应设两个出入口。根据已知标高点的定位尺寸，可推断出两个出入口的位置。

2. 据此，可顺利绘出场内行车道、停车带、绿化带和管理室。其中残疾人停车位应位于南入口东侧的停车带内，以便在其后端布置人行道并延伸至休息室。

3. 场外引道的设计：

（1）首先判定东出入口外引道的下端不需设缓坡段，因为其最大纵坡度为：

$$\frac{301.50 - 298.50}{40} = \frac{3}{40} = 0.075 = 7.5\% < 8\%$$

（2）同理可以判定南出入口外引道的下端也不需设缓坡段，因为其最大纵坡度为：

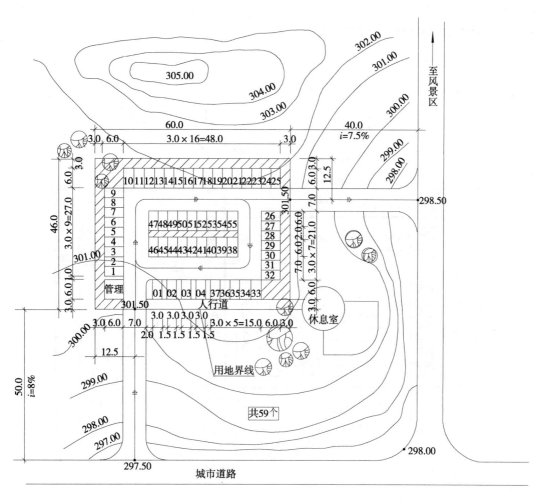

图Ⅱ.5.99 - 2

$$\frac{301.50 - 297.50}{50} = \frac{4}{50} = 0.080 = 8\%$$

【评析】

1. 难度适中 ★★★☆☆。

2. 原题的难度较大，主要是停车场与公路之间的引道，需要考虑缓坡段的设计。本题将此处修改如下：明确了引道的位置、坡度，以及起点与终点的标高。这样只需判定不必作缓坡段即可，否则在限时很难完成解答。

【链接】

1. 图Ⅱ.5.99 - 3 为〈任乃鑫编作图〉，同型例题的答案，与本书答案的主要区别在于：将引道的坡度限定为≤10%。即便符合场内坡道不设缓坡段的规定，但却不符合基地内一般道路的坡度应≤8%的限定，尚有争议。

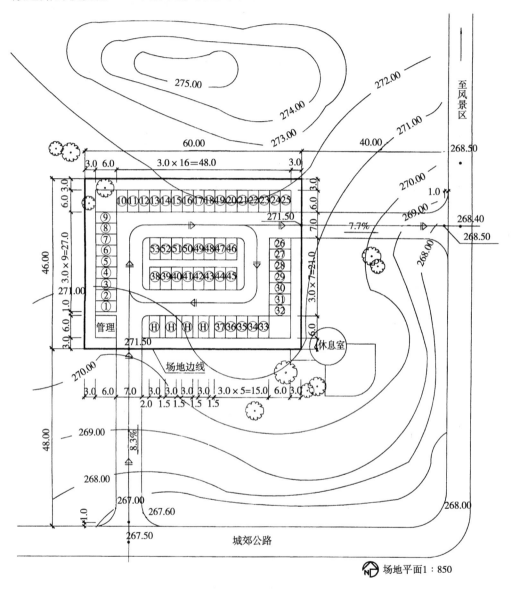

图Ⅱ.5.99-3

2. 其他应试教材的答案，与本书的主要不同在于：引道长度变化且增设缓坡段；给出的场地标高不同；中间停车带两侧加绿化带，故车位减少。

■ 停车场试题 Ⅱ.5.00

【试题】

一、设计条件

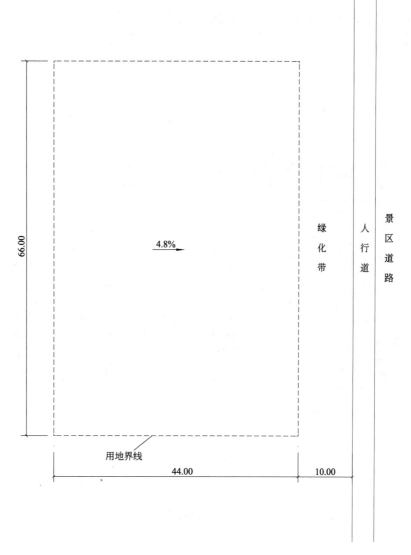

図Ⅱ.5.00－1

1. 在某风景区坡地上建设一个停车场，坡地西高东低，用地范围见图Ⅱ.5.00－1。

2. 根据地形条件布置尽可能多的车位，（车位尺寸 3m×6m；其中含残疾人停车位 5 个，停车位一侧或二车位间设≥1.5m 的通道）。停车场内车行道及通向景区道路的通道宽度均不小于 7.00m，车行道要求贯通，一律采用垂直方式停车，其停车位的长向与斜地面的纵坡方向之间的夹角不应小于 60°。

3. 沿用地线周边至少留出 2.50m 宽绿化带（残疾人停车通道处可不设），背对背停车位间也应设≥2.0m 宽的绿化带。

二、任务要求

1. 保持原有地形不变，绘出停车场内各停车带的位置，分别标出其长度、宽度、停车数量（可不绘车位），注明停车位总数。

2. 绘出停车场入口并与景区道路相连接。

3. 绘出绿化带，注明宽度尺寸，并用 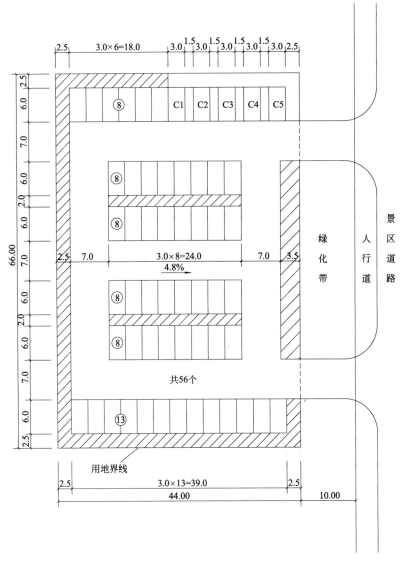 表示。

【答案】

见图Ⅱ.5.00-2。

图Ⅱ.5.00-2

【评析与链接】

1. 规范规定：停车场地面的坡度一般应为0.2%~0.5%，以利排水。同时为防止车辆溜滑，其最大坡度应≤3%。本题故意将坡度定为4.8%，其目的在于：使垂直地面坡向的车位布置方式，成为唯一的正确答案。

2. 当两辆车共用一个残疾车位通道时，可增加一个车位。

3.《耿长孚编考题》对本题的分析更为详尽。其他辅导书无此题。

■ 停车场试题Ⅱ.5.01

【试题】

一、设计条件

1. 在某住宅区、公建区及城市道路围合的地块内,拟建一个停车场。其用地尺寸、地面及道路标高等现状如图Ⅱ.5.01-1所示。

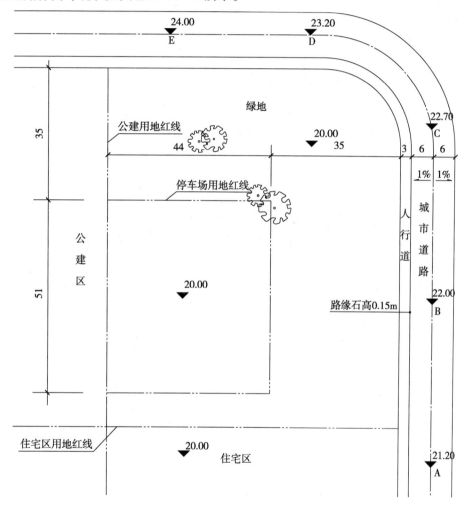

图Ⅱ.5.01-1

2. 应布置尽量多的停车位。均采用垂直停车方式,车位尺寸为3m×6m,行车道与出入口均宽7m。

其中设4个残疾人车位,尺寸同上,且每个车位的侧面均设1条≥1.5m宽的轮椅通路。

3. 由停车场到住宅区设一条2.5m宽的人行通道。

4. 停车场地界内侧和中间停车带内均设2m宽的绿化带(用▨表示)。但残疾人停车位后面应改为轮椅通路,并与人行通道相接,以便通向住宅区。

5. 设4.5m×4.5m的管理室一间。

6. 在停车场与住宅区之间的地段内，由城市道路的人行道引入 2.5m 宽的无障碍通道，另一端与人行通道相连。

二、任务要求

1. 绘制布置停车场内的停车带（可不画车位，只注车位数）、残疾人车位、行车道、出入口、绿化带和管理室；标注相关尺寸和总车位数。

2. 绘图布置人行通道、场外引道、无障碍通道；标注相关尺寸、坡度和标高。

【答案】

见图Ⅱ.5.01-2。

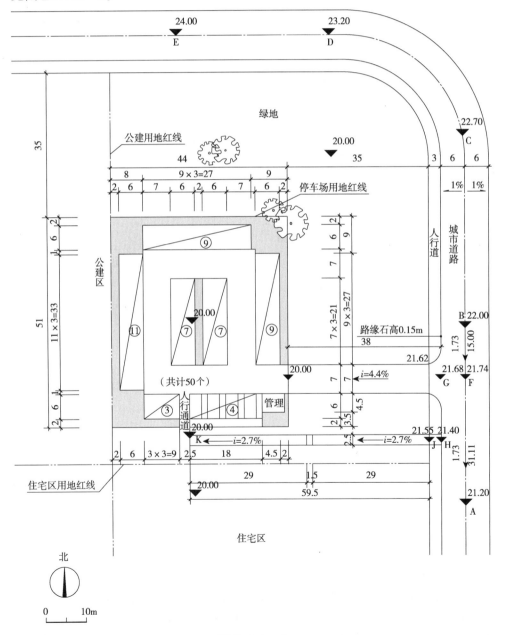

图Ⅱ.5.01-2

【考核点】

1. 停车场布置；

2. 引道设计；

3. 残疾人车位及坡道设计。

【提示】

1. 该场地减去绿化带后的尺寸为（44m－3×2m）×（51m－2×2m）＝38m×47m，恰为两个出入口停车场的最小尺寸，可停车52辆（见附录二）。但考虑布置残疾人停车位和管理室及人行通道后应减少4辆，则为48辆。此时又可减为一个出入口，同时增加两个车位，故最终可停车50辆。

2. 据此，残疾人车位、人行通道和管理室均应布置在南停车带内（见附录二）。其中后二者总宽为4.5＋2.5＝7m，合占两个车位，如误将管理室移至东停车带则独占两个车位，总车位数将减为49个。

3. 通向住宅区的人行通道宜从残疾人车位的西侧起始，目的在于尽量使无障碍坡道的长度增加、坡度减小。

4. 用插入法求出场外引道与城市道路二者中心线交点（F）的标高（h_F）：

先量得 AB 点间距46.11m，则城市道路坡度为（22.00－21.20）÷46.11＝1.73%；

再量得 AF 点间距为15m，则 h_F＝22.00－15×1.73%＝21.74m。

已知道路宽度和横坡度，则引道起点（G）的标高 h_G＝21.74－6×1%＝21.68m；

又：引道长35＋3＝38m，其坡度为（21.68－20.00）÷38＝4.4%＜7%和6%，故满足规范限值，且无需作缓坡段。

5. 设无障碍坡道与引道二者的中心线相距16.2m，对应人行道路路缘石下端（H）的标高 h_H＝21.68－16.2×1.73%＝21.40m；

则无障碍坡道起点（J）的标高 h_J＝21.40＋0.15＝21.55m。

该坡道的长度为18＋4.5＋2＋35＝59.5m。根据规范规定，当最小坡度为5%时，坡长应≤30m，休息平台应≥1.5m，故该坡道的分段长度为29＋1.5＋29＝59.5m。其坡度则为（21.55－20.00）÷（59.5－1.5）＝1.55÷58＝2.7%＜5%。

【评析与链接】

1. 难度较大★★★★☆。

2. 停车场本身的布置较为典型和简单，但附加引道和无障碍坡道的设计，则因给出的标高和距离均太零碎，导致极为费时，有些喧宾夺主。

3. 同时，由于有的设计条件不明确，可有多种理解，以至其答案很难判断正误。例如：是否应考虑雨水倒灌问题？无障碍坡道为何不确定位置？保留的树木为何对解题无影响？

4. 根据规范，两辆残疾人车位可共用一条轮椅通路，则本题的总车位数可增至51个，而出入口根据规范需增加一个，总车位相应又减少为49个，出入口又应回到一个。如此反复，形成"悖论"。为此，〈任乃鑫编作图〉和〈张清编作图题〉的答案将停车带减少一个车位，在出入口的一侧增加绿化带。

5. 该题停车场地面标高低于城市道路路面标高2m，导致出现雨水倒灌问题。据此，〈耿长孚编考题〉的答案将停车场地面填高或将引道做成反坡。虽然合理，但难度加大，一般考生很难在限时内完成解答。这再次说明，命题的严谨性是正确答案唯一性的保证。

5.2 2003 年及以后的试题

停车场试题各书解答对照（2003 年及以后）　　　　　　表 Ⅱ.5.2

书名（简称）	张清编作图题	本书（第Ⅱ篇）	耿长孚编考题	曹纬浚编作图	陈磊编指南	注册网编作图	注册网编题解	任乃鑫编作图	研究组编作图
代号	⑧	⑨	①	②	③	④	⑤	⑥	⑦
2003 年	XX	Ⅱ.5.03	V	—	—	—	V	V	—
2004 年	3.4.3	Ⅱ.5.04	V	—	V	—	—	V	V
2005 年	3.4.4	Ⅱ.5.05	XX	同①.			V	V	
2006 年	3.4.5	Ⅱ.5.06	X	同①.	V	X	同④	同④	
2007 年	3.4.6	Ⅱ.5.07	V	V.	V	V	V	V	V
2008 年	3.4.7	Ⅱ.5.08	X	同①.	V		—	同④	
2009 年	3.4.8	Ⅱ.5.09	V	V.	V	X		同④	
2010 年	3.4.9	Ⅱ.5.10	V	—	V	—	V	V	
2011 年	3.4.10	Ⅱ.5.11	X	同①	V		V	V	
2012 年	3.4.11	Ⅱ.5.12	X	V	同①	同①	同①	同①	
2013 年	3.4.12	Ⅱ.5.13	V	同③	X	—	V	X	
2014 年	3.4.13	Ⅱ.5.14	XX	V	V		—	V	
2017 年	3.4.14	Ⅱ.5.17	—	同③	XX	未	出	新	版
2018 年			未	考	此	类	型	试	题
说明	试题答案	评析链接	其他辅导书的同题解答： — 无此题　　V 相同　　X 稍异　　XX 不同（X 和 XX 者在本书的链接中阐述）·新版删除此题						

■ 停车场试题 Ⅱ.5.03

【试题】

一、设计条件

在城市道路一侧布置小汽车停车场，位置如图 Ⅱ.5.03-1 所示。设计要求：

1. 场地应分为两个台地，土方量应最小，且就地平衡。

台地间及入口引道处的行车坡度不大于 1/10，台地汇水坡度忽略不计。

2. 停车位尺寸为 6m×3m，其中无障碍停车位 4 个（该车位一侧应留有 1.5m 宽轮椅通道，但也可以两个车位共用一条）。残疾人应另设通道缓坡进入人行道（坡度不大于1/12）。

3. 场内行车道宽不小于 7m，且应环通。

4. 用地界线内侧为 2m 宽绿化带（无障碍通道处除外）。两车背靠背停车时，车尾间留出 3m 的绿化带。

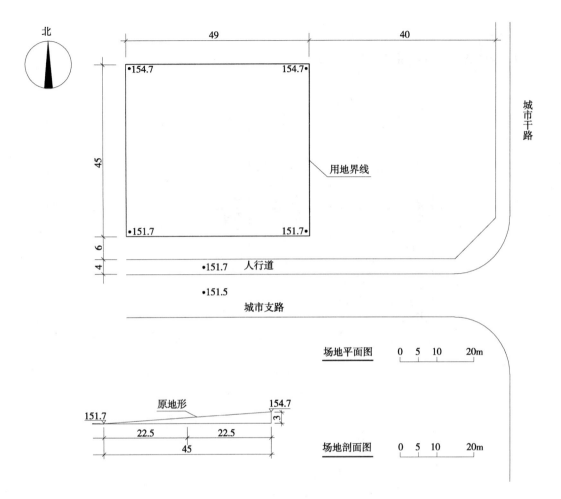

图Ⅱ.5.03－1

5. 停车场出入口处设管理用房，平面尺寸 6m×5m。

二、任务要求

1. 绘图：

（1）绘出场内各停车带（含无障碍停车带），标注其长、宽尺寸及停车数量（可不画停车线）。标注停车总数量及台地的设计标高。

（2）绘出停车场出入口及台地间坡道，标明其尺寸与坡度。布置管理用房，以及用斜线标明绿化带。

（3）加绘场地剖面图中台地的设计断面，并标注其设计标高。

2. 回答问题（答题卡从略）：

（1）第一台地的设计标高应为 [   ]。

A. 151.70m   B. 152.20m   C. 152.45m   D. 152.70m

（2）第二台地的设计标高应为 [   ]。

A. 153.20m   B. 153.70m   C. 153.95m   D. 154.70m

（3）场地内可布置 [   ] 个车位。

A. 45　　　　　　　　B. 49　　　　　　　　C. 50　　　　　　　　D. 55

【答案】

1. 绘图答案：如图Ⅱ.5.03 - 2 所示。

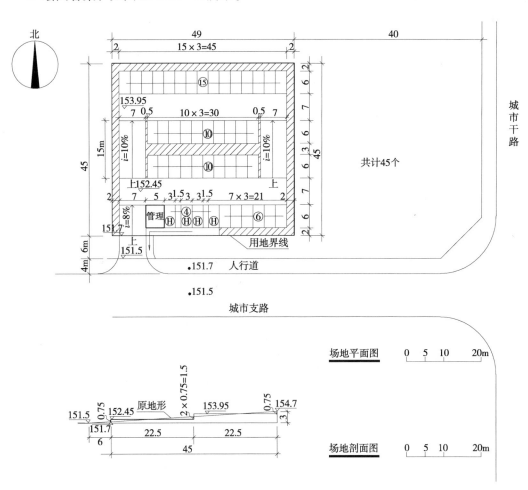

图Ⅱ.5.03 - 2

2. 回答问题（题目原文从略）：

（1）C　　　（2）C　　　（3）A

【考核点】

1. 停车场出入口数量及定位；

2. 场地停车带及行车道的布置；

3. 无障碍停车位的布置；

4. 绿化带及管理用房的布置；

5. 场地剖面设计及土方平衡。

【提示】

1. 出入口应设在城市支路上，且应靠西侧，以保证距城市干道红线≥80m。

2. 两个台地间需设行车坡道，且应靠两端和正对出入口布置，才能行车顺畅。尽管坡道可与中间停车带的车位对调,且不减少停车数量,但将出现"盲端"车道,并不理想。

据此,则可顺利布置出北停车带和中央停车带。

3. 剖面设计

已知场地南北自然地形高差为 154.7m - 151.7m = 3m,分为两个台地,并在各自台地内进行土方平衡,则土方量最小且运距最短。

也即:二个台地的挖填方最大高度值为 3m ÷ 4 = 0.75m。

则第一台地的设计标高为 151.7m + 0.75m = 152.45m。

第二台地的设计标高为 154.7m - 0.75m = 153.95m。

二个台地间的高差为 2 × 0.75m = 1.5m。

其间坡道长度应为 1.5m ÷ 10% = 15m。

恰好与中央停车带纵宽相同。

4. 南停车带的布置

首先,出入口应布置在西端与台地间行车坡道相对,其引入坡道可从用地南界至南停车带北缘,长度为 6m + 2m = 8m,高差为 0.75m,故该坡道坡度为:0.75m ÷ 8m = 0.09 < 10%,符合规定要求。

管理用房可邻出入口东侧布置,再依次向东布置 4 个无障碍车位,以 H 表示并在其后将绿化带改为轮椅通道,另做单独坡道通至人行道。最后再向东布置普通车位即可。

【评析】

1. 难度较大 ★★★★☆。

2. 本题的最大难点在于:根据"土方量最小且就地平衡"的要求,确定两个台地的设计标高。若无此条件,则两台地设计标高的组合实际为无穷解如图Ⅱ.5.03-3所示,本题的答案则为满足该条件的唯一解答。

本应是次要考核内容的"地形处理"问题,却成了该题最具争议和最难论证的焦点。这可能是命题人绝对想不到的,否则定会进一步明确和限定设计条件,以保证答案的唯一性。

3. 此外,本题还增加了出入口距交叉路口≥80m 的限制条件,以保证出入口只能位于场地的西端。

【链接】

1. 〈张清编作图题〉的此题,设计条件之一为"残疾人车位平坡通向人行道"。对于道路而言"平坡"即为无坡度,故台地标高分别定为 151.70m(同人行道)和 153.20m。致使土方量最大且均为挖方外运(如图Ⅱ.5.03-3中 A 所示),与另一设计条件"要求土方量最小"自相矛盾。即:如满足土方量最小,则残疾人车位必高出人行道 0.75m(如图Ⅱ.5.03-3中 D 所示),二者需设坡道连通;如二者无高差,则土方量必最大。

本书及其他辅导书均要求"残疾人车位缓坡通向人行道 (i≤1:12~1:8)",表达较为确切,设计条件无矛盾,答案基本均同本书。

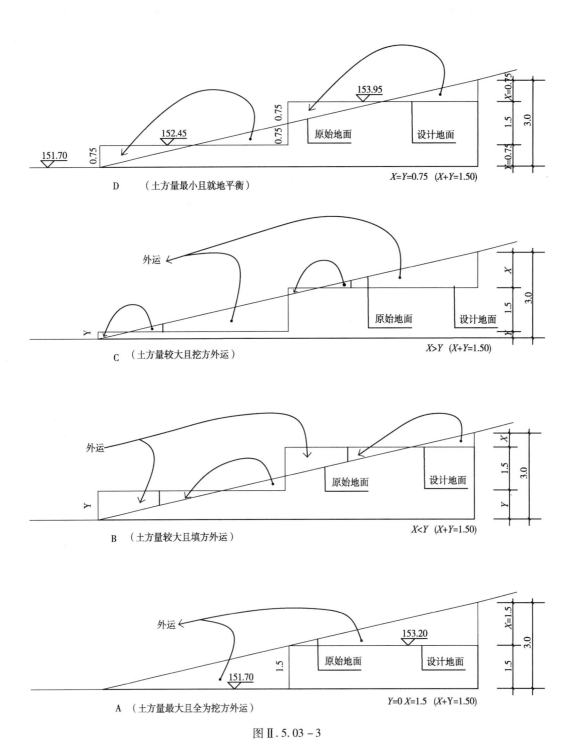

D （土方量最小且就地平衡）
$X=Y=0.75$ $(X+Y=1.50)$

C （土方量较大且挖方外运）
$X>Y$ $(X+Y=1.50)$

B （土方量较大且填方外运）
$X<Y$ $(X+Y=1.50)$

A （土方量最大且全为挖方外运）
$Y=0$ $X=1.5$ $(X+Y=1.50)$

图 Ⅱ.5.03 – 3

144

2. 但有的辅导书出入口外引道长度不同，故坡度有变。还有的将台地的坡道坡度改为15%（且未做缓坡段），台地地面也做2.5%的坡度，过于复杂和工程化，更有违设计条件。

■ **停车场试题 Ⅱ.5.04**（同〈张清编作图题〉3.4.3）

【评析与链接】

1. 难度适中 ★★★☆☆。

2. 场地尺寸减去绿化带后恰为 $(43m - 2 \times 2m - 1m) \times (48m - 2 \times 2m) = 38m \times 44m$，故应为 1 个出入口（详见附录二），且知中间停车带应为东西向。

3. 关键要知道停车场出入口应距公园出入口 $\geqslant 20m$，以及距公交站台 $\geqslant 15m$，否则出入口难以正确定位。

4. 如根据管理室的布置原则，当仅有一个出入口时，宜位于出车道前进方向的右侧。但因管理室宽 5m，故出入口西侧停车带将减少两个车位，而东侧停车带只增加一个车位，不符合"尽可能多布置停车位"的设计要求。

5. 其他辅导书中的该题均与本题同。

■ **停车场试题 Ⅱ.5.05**（同〈张清编作图题〉3.4.4）

【评析与链接】

1. 难度适中 ★★★☆☆。

2. 地块二最宽部分的尺寸为 $42m \times 47m$，减去绿化带后为 $(42m - 2 \times 1.5m - 1m) \times (47m - 2 \times 1.5m) = 38m \times 44m$，其停车数应为 50 辆（详见附录二），但加上较窄部分的停车数必然 >50 辆，故应设两个出入口。

因出入口的最小间距为 10m（见第 Ⅰ 篇 2.3 节），则临街最小宽度应为 $7m + 10m + 7m = 24m$，但实有 19m。故可判定地块二不应为正确场址。

3. 如管理室明确有计时收费功能，根据布置原则（见附录二），其位置宜由出口的南侧移至北侧。但因管理室宽 4m，中间停车带将减少两个车位，而南停车带只能增加一个车位，不符合布置"尽可多车位"的设计条件，似不可取。

4. 本答案的场内行车道为穿越式，可满足"贯通"的设计要求。如场内行车道明确要求"环通"，则答案如图 Ⅱ.5.05 – 1 所示（〈耿长孚编考题〉也有同型答案）。由于必须保证行车道宽 7m 和沿界绿化带宽 $\geqslant 1.5m$，故中间停车带应减少 6 个车位，以致总停车位减至 50 辆，设一个出入口即可。该出入口宜在东南角，因管理室可布置在出车道前进方向的右侧，较为合理（见附录二）。同时布置的停车位数也最多（理由见第 3 条）。

〈耿长孚编考题〉的另一答案如图 Ⅱ.5.05 – 2 所示。为形成环状行车道，以及仍为两个出入口，仅将中间停车带减少 4 个车位（共计 52 辆）。但导致东侧中部的沿界绿化带宽度减至 0.5m，不符合应 $\geqslant 1.5m$ 的设计要求。故不能视为及格答案。

■ **停车场试题 Ⅱ.5.06**（同〈张清编作图题〉3.4.5）

【评析与链接】

1. 停车场用地减去沿界绿化带后的尺寸为 $(33m - 2 \times 2m) \times (70m - 2 \times 2m) = 29m \times 66m$，恰为附录二中 $\leqslant 50$ 辆停车场的基本模式之一，故设一个出入口即可。

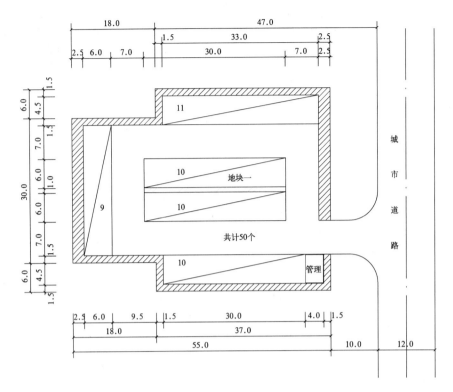

图Ⅱ.5.05－1

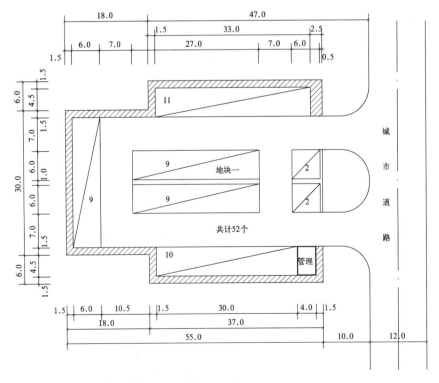

图Ⅱ.5.05－2

146

2. 由设计条件未明确管理室是否兼有收费功能，故答案可有多个。

（1）出入口选在东南角，且管理室按兼有收费功能考虑，则其合理位置应在出车道前进方向的右侧（见附录二）。如图Ⅱ.5.06-1所示，也即〈张清编作图题〉和〈陈磊编指南〉两书的答案。

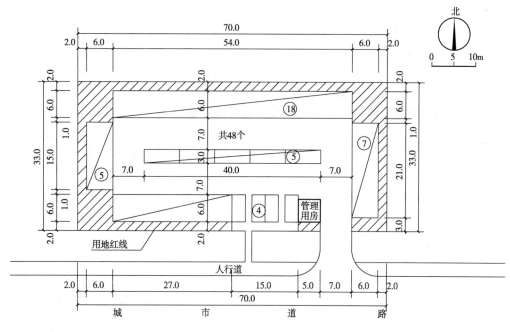

图Ⅱ.5.06-1

若将该答案中的残疾人车位移至东停车带的下方，虽距管理室稍远，但停车位仍为48辆。故也应视为及格答案（图Ⅱ.5.06-2），也即〈耿长孚编考题〉的答案一。

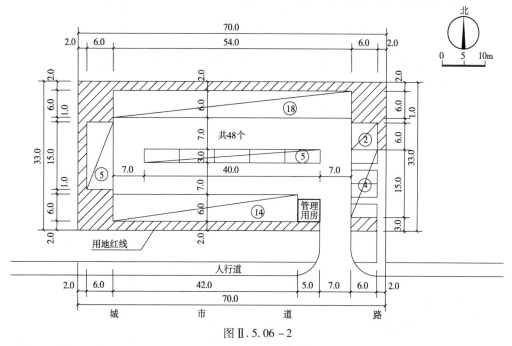

图Ⅱ.5.06-2

已知管理室为5m×5m，因此如将其移至东停车带的下方，不仅位置不利于收费，且由于南停车带只能增加一个车位，而东停车带却减少两个车位。也即总车位减至47辆，不符合停车位应尽量多的设计要求。故应视为不及格答案（图Ⅱ.5.06-3）。此点且与残疾人车位的位置无关，因为4辆残疾人车位和两条轮椅通道的总宽度为15m，恰好等于5个普通车位的总宽度。

（2）如出入口选在西南角，该处的布局方式与出入口在东南角者呈对称关系。由此推知：若管理室位于西停车带的下方（参见图Ⅱ.5.06-3），虽然有利于收费，但总车位数减至47辆，系不及格答案（如〈耿长孚编考题〉的答案二）；若管理室位于南停车带的西端，也即〈任乃鑫编作图〉等书的答案（参见图Ⅱ.5.06-1和2），总停车位均为48辆，当未明确管理室兼有收费功能时，仍应视为及格答案。

（3）综上可知：当要求停车位尽量多和管理室兼收费时，及格答案有2个（图Ⅱ.5.06-1和2）。当要求停车位尽量多，但未明确管理室兼收费时，则及格答案共有4个。

如欲避免考生将出入口选择在西南角，可在设计条件中增加："停车场的西界距城市道路交叉口红线小于70m"。则西南出入口距路口红线必小于80m，故不能位于该处。

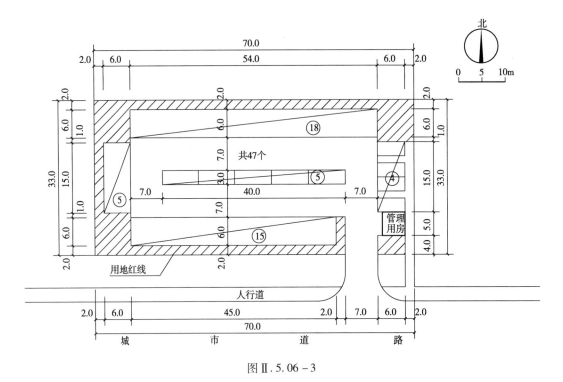

图Ⅱ.5.06-3

■ **停车场试题Ⅱ.5.07**（同〈张清编作图题〉3.4.6）

【评析与链接】

1. 难度适中 ★★★☆☆。

148

2. 残疾人车位如移至北出入口的下方，对停车位数量无影响。但残疾人轮椅的路径与出入口车流交叉，既不安全且路程较远。

3. 其他辅导书中的该题均与本题相同。

■ **停车场试题Ⅱ.5.08**（同〈张清编作图题〉3.4.7）

【评析与链接】

1. 难度适中 ★★★☆☆。

2. 场地尺寸减去绿化带后为（44m − 3×2m）×（54m − 2×2m）= 38m×50m，大于38m×47m（详见附录二），故应设两个出入口，且知中间停车带的长向应为东西向。

3. 关键应知道地面坡度 >3% 时，停车位长边应垂直坡度方向。故场地的东区内只能布置长边为南北向的停车位。而西区的地面坡度 <3%，可不受此限。

4. 残疾人车位必须位于西停车带。如移至南停车带靠近出口处，仍至少有两个车位位于坡度为 5% 的东区内，不符合残疾人车位处地面坡度应≤2%的规定。

5. 残疾人车位后的轮椅通道应通至人行道（答案中漏画）。

6. 车辆入口应位于东南角，出口应位于西南角。根据两个出入口时管理室的布置原则，宜位于出口车辆前进方向的左侧（见附录二）。但管理室平面为 4m×4m，移至南停车带后需减少两个车位，而西停车带仅增加一个车位。不符合"布置尽可能多停车位"的设计条件，故不可行。

7. 〈耿长孚编考题〉的答案，东停车带仅布置三个平行式停车位，其北端留有 7m 通路，故北停车带可增加一个车位，总车位数未变，仍系合格答案。其他应试教材此题均同本书。

■ **停车场试题Ⅱ.5.09**（同〈张清编作图题〉3.4.8）

【评析与链接】

1. 难度较大 ★★★★☆。

2. 关键是根据已知条件的暗示，迅速判定班车停车带，以及两个车辆出入口的位置。

3. 再则应注意班车的转弯半径为 8m，中间停车带应减少车位才能保证。

4. 若按残疾人停车位各有一条轮椅通道，则停车位将减少一辆，但与设计条件不符。

5. 如两个车辆出入口均开在用地的西侧，虽然可行（间距也 >15m），但中间停车带的右上角也要减少三个车位（总车位减少至 52 个），以保证班车所需的 8m 转弯半径。同时班车在场内迂回行驶也不够理想（图Ⅱ.5.09），不能视为及格答案。

6. 有的答案在中间停车带转角（R = 8m）绿化带处，增加布置一个车位。经验证完全可行，故不能视为错答。

7. 〈任乃鑫编作图〉等两书的此题，仅用地形状稍异：东北和东南缺角的纵长分别由6m 和 8m 改为 8m 和 6m。故人行出口处班车位与残疾车位之间宽度由 5m 减至 3m。答案无本质区别。

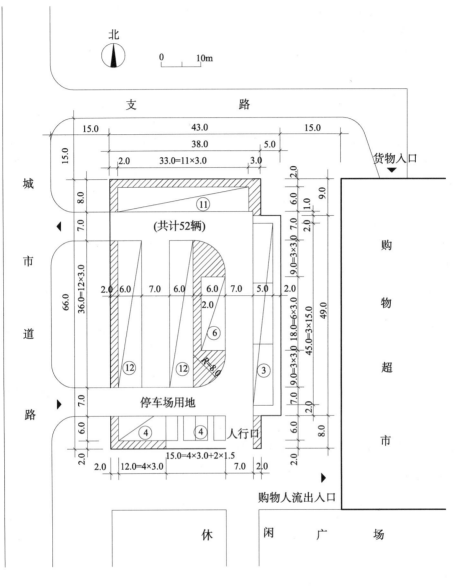

图Ⅱ.5.09

■ **停车场试题Ⅱ.5.10**（同〈张清编作图题〉3.4.9）

【评析与链接】

1. 难度较大★★★★☆。

2. 关键在于能迅速判断出车辆进出口的数量与位置，进而确定大型车停车带的合理位置，随后小型车停车带的布置则较容易。只是因北界无需再布置绿化带，以及距已有建筑要考虑防火间距，又增加了干扰和难度。

3. 其他辅导书仅场地与城市道路或已建建筑的相对位置尺寸稍异，答案均同。

■ **停车场试题Ⅱ.5.11**（同〈张清编作图题〉3.4.10）

【评析与链接】

1. 残疾人车位应邻近已建人行通道，故位于停车场西侧停车带内，并宜靠近出口（见第Ⅰ篇2.3节）。〈耿长孚编考题〉答案一即将其布置在南侧停车带内，故不妥。

2. 如设计条件中，管理室未明确兼收费功能，则可将管理室布置在出口的西侧，残疾人车位相应上移，停车数59辆未变，仍应视正确答案（图Ⅱ.5.11-1）。同〈耿长孚编考题〉答案三。

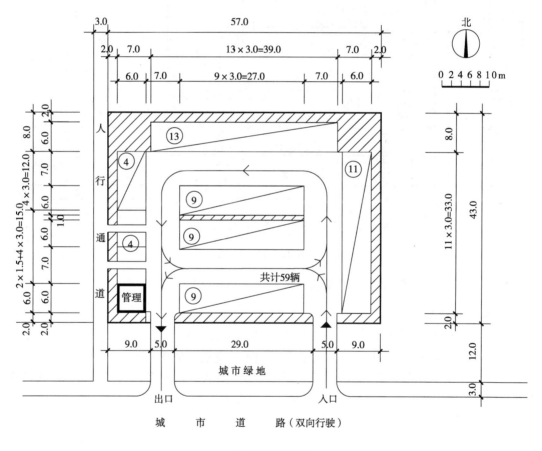

图Ⅱ.5.11-1

3. 设计条件中允许采用"平行停车（3m×8m）布置"，系命题人设置的"迷彩"。

4. 图Ⅱ.5.11-2为不及格答案，错在将引道与场内行车道混淆，且停车位反而减少一个（与管理室位置无关）。同〈耿长孚编考题〉答案二。

5. 其他辅导书的答案无大异。仅有的答案保留了残疾人车位后的绿化带，但未将轮椅通道从中穿过与人行通道相连，应属失误。

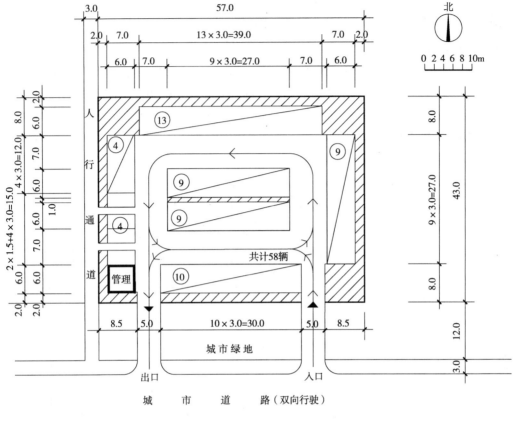

图Ⅱ.5.11-2

■ **停车场试题Ⅱ.5.12**（同〈张清编作图题〉3.4.11）

【评析与链接】

1. 设计条件规定：停车方式为3个（残疾人车位为2个）一组，且组间设1m宽绿化带。致使设计和绘图工作量增大，考生在限时内很难完成。似无必要。

2. 由于"要求车行道贯通无盲端"，〈张清编作图题〉的答案认为：应在残疾人停车带西端的对面，取消一组普通停车位(总停车位减至81个)。用以形成(6m+7m)×(10m+7m)＝13m×17m的回车场地，从而解决了"盲端"问题，显然有些得不偿失。其他应试教材均未顾及此问题，在该处仍布置车位，未设回车场。

3. 其实，只要在上述答案的基础上，将要求布置残疾人车位6辆改为4辆，盲端问题即可避免。只是总停车位最多布置82辆而已。

4. 至于〈张清编作图题〉给出的另一答案，虽然不是非常合理，但就题论题，仍应视为及格。因为，在设计条件并未规定人行出入口的宽度，且允许残疾人车位后可不设绿化带。故据此可避免出现盲端和布置最多的停车位。

■ **停车场试题Ⅱ.5.13**（同〈张清编作图题〉3.4.12）

【评析与链接】

1. 首先应知道当停车场地面的坡度≤3%时，可不考虑车辆溜滑问题，对普通车位的布置无影响。但残疾人车位处的地面坡度应≤2%，故其只能沿用地北侧布置。

2. 减去绿化带后，停车场的用地尺寸为：（44m－3×2m）×（48m－2×2m）＝38m×44m，恰为≤50辆车位停车场的最大合理尺寸（见附录二）。故可设一个出入口，且应邻近残疾人车位，即位于西北角。

3. 由于出入口宽9m系指何处不明确，故〈陈磊编指南〉的答案仅限于场外引道，管理室前仍宽7m，似不妥。

4. 〈任乃鑫编作图〉的此题，将用地的纵向尺寸由48m减为47m，致使西南角处的车位布置不符合条件图的规定。如欲改正，则须将西侧停车带减少一个车位。

■ 停车场试题 Ⅱ.5.14（同〈张清编作图题〉3.4.13）

【评析】

1. 根据《汽车库、修车库、停车场设计防火规范》表4.2.1的规定，停车场内停车位距一、二级民用建筑的距离应≥6m。故场地北侧距公园售票处6m范围内不应布置任何方式的停车位。

2. 在该试题设计条件中明确规定："停车场内行车道宽度不小于7m，要求行车道贯通，停车方式采用垂直式、平行式均可"。但在所附的平行式停车位图示中，行车道宽度却为4m，二者矛盾。

3. 据此，〈张清编作图题〉提供了行车道均为7m、均采用垂直式停车位、均设一个入口且总停车位均为49个的两个答案。二者的主要区别在于：一个答案的出入口位于场地西侧的中部（图Ⅱ.5.14－1A）；另一个答案的出入口位于场地的西南角（图Ⅱ.5.14－2A）。

4. 现将行车道可为7m或4m时，平行式停车位的位置，及其对停车位总数和出入口数量的影响分述如下：

（1）当出入口位于场地西侧中部，且行车道仍均为7m时，虽然沿场地南侧可布置3个平行式停车位（长24m＝3×8m），但总停车位减至48个，得不偿失，故不可取（图Ⅱ.5.14－1B）。

如允许平行式停车位处的行车道宽度为4m时，则在上述答案的基础上，中间停车带南北两端均可各增加一个平行式停车位（3m×8m）。故总停车位增至50个，出入口仍为一个。应视为合格答案（图Ⅱ.5.14－1C）。

（2）当出入口位于场地西南角，且行车道仍均为7m时，虽然沿场地南侧可布置4个平行式停车位（长32m＝4×8m），但东、西和中间停车带相应减少4个车位，总停车位仍为49个，出入口也仍为一个，故也可视为合格答案（图Ⅱ.5.14－2B）。

如允许平行式停车位处的行车道宽度为4m时，则在上述答案的基础上，中间停车带南北两端虽然可以共增3个停车位，但总停车位将＞50个，须增加一个出入口，又须减少一个停车位，故总停车位为51个（图Ⅱ.5.14－2C）。

5. 综上所述，由于该试题给出的设计条件不够明确（甚至矛盾），导致可有5个合格答案。估计命题者也未想到，否则定会增加限制条件，确保答案的唯一性！例如：只要增改下述两项设计条件即可实现：

（1）根据《技术措施》第4.5.1－11条的规定，残疾人停车位应靠近目的地的出入口，因此该停车位只能布置在场地的西北角。据此，再增加该停车位"且应靠近管理用房"，

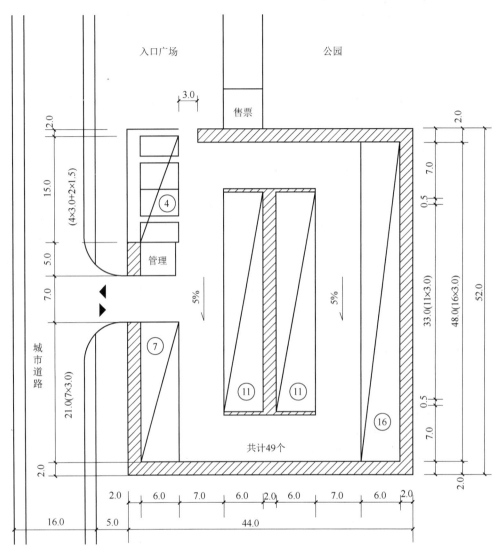

入口广场　　　　　　　　　公园

售票

管理

城市道路

共计49个

图Ⅱ.5.14－1A

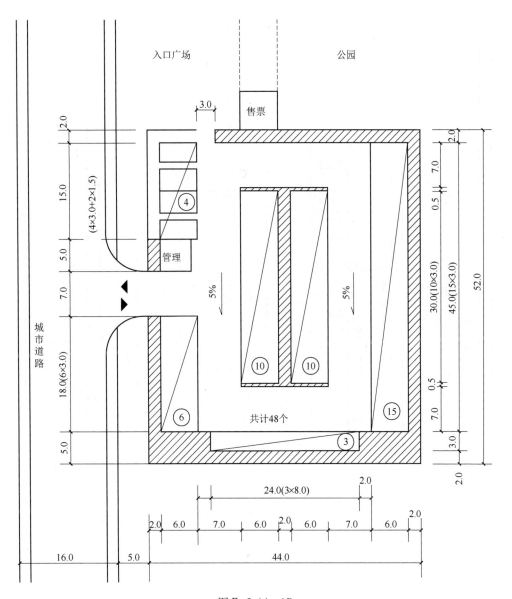

图Ⅱ.5.14-1B

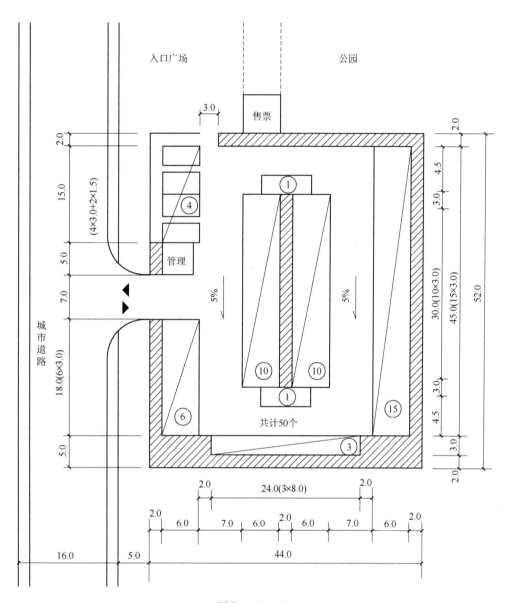

图Ⅱ.5.14−1C

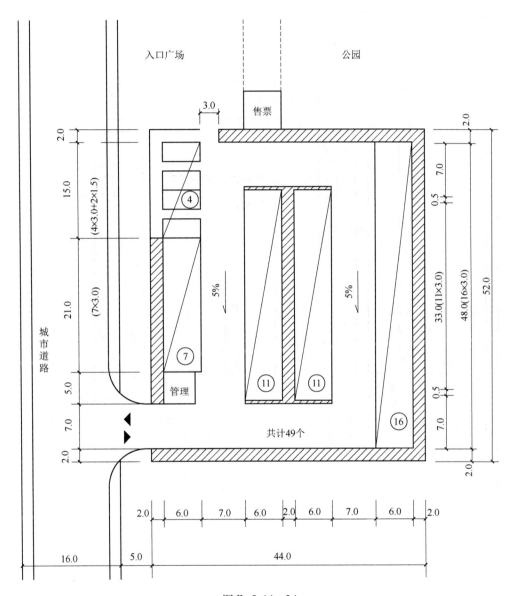

入口广场　　　　　　　　　　公园

售票

城市道路

管理

④

⑦

⑪　⑪

⑯

5%　　5%

共计49个

3.0

2.0

15.0　(4×3.0+2×1.5)

21.0　(7×3.0)

5.0

7.0

2.0

2.0

7.0

0.5

33.0(11×3.0)

48.0(16×3.0)

0.5

7.0

2.0

52.0

16.0　　5.0　　　　　　　　44.0

2.0　6.0　7.0　6.0　2.0　6.0　7.0　6.0　2.0

图Ⅱ.5.14－2A

157

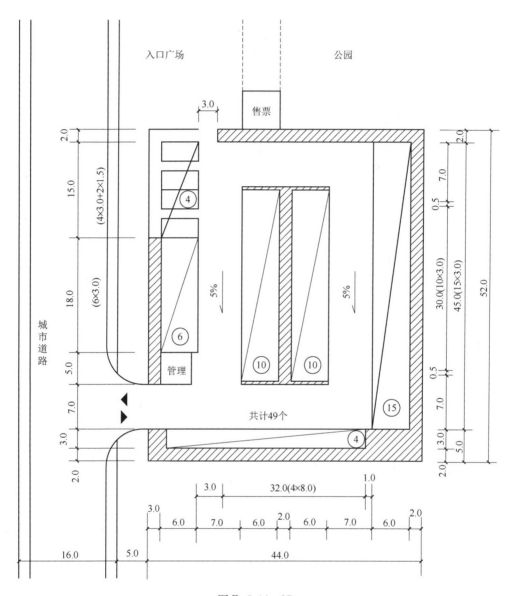

入口广场

公园

售票

城市道路

入口广场

管理

共计49个

5%

5%

图Ⅱ.5.14－2B

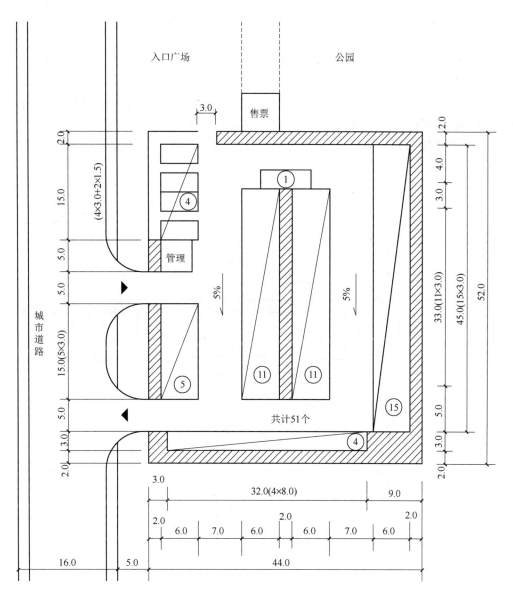

入口广场   公园

售票

城市道路

管理

共计51个

图Ⅱ.5.14-2C

则唯一的车辆出入口，只能在场地西侧的中部，而不是西南角。

（2）明确场内行车道的宽度均为7m，相应将平行式停车位图示中的行车道宽度尺寸4m取消，仅标注车位尺寸为3m×8m，即可排除在场地南侧布置平行式停车带的答案（参见图Ⅱ.5.14－1B）。

（3）此时，唯一合格的答案则如图Ⅱ.5.14－1A所示。

【链接】

1.〈陈磊编指南〉和〈任乃鑫编作图〉的答案，均与〈张清编作图题〉一个出入口且位于场地西南角、场内行车道均为7m的答案相同（图Ⅱ.5.14－2A）。

2.〈耿长孚编考题〉的答案则与〈张清编作图题〉的答案差异极大，如图Ⅱ.5.14－3A所示。

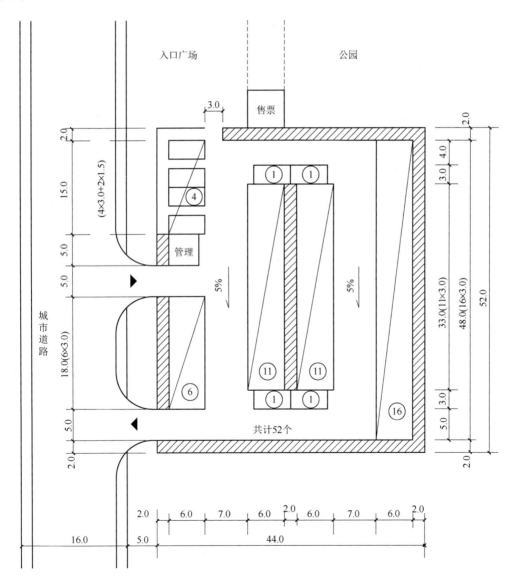

图Ⅱ.5.14－3A

（1）该答案根据《车库建筑设计规范》第 4.3.4 条，将原设计条件图示中平行停车位的尺寸 3m×8m 改为 3m×6m，但其行车道的最小宽度仍为 4m。因此，与一个出入口且位于西南角的答案相比，中间停车带的两端可视为平行停车位，沿北、南两侧的行车道则可由 7m 分别减至 4m 和 5m，相应增加 4 个停车位，致使总停车位＞50 个。为此，须将原一个 7m 宽的出入口，改为 5m 宽的入口和出口各一个，从而使西侧停车带减少一个停车位。故总停车位可增至 52 个。

（2）然而在该答案的基础上，只需将沿场地南侧的行车道上移 3m 后，即可布置 5 个平行停车位。尽管中间和东西停车带因此共减少 4 个停车位，但总停车位将增至 53 个，且出入口的净距仍不小于 15m。故应为更佳答案，如图Ⅱ.5.14－3B 所示。

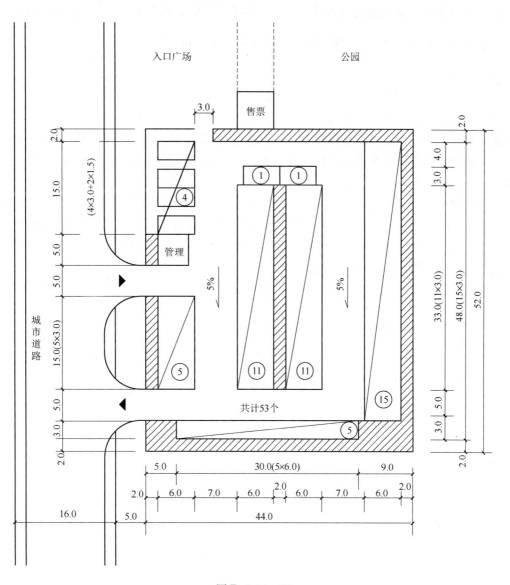

图Ⅱ.5.14－3B

（3）为简化运算和绘图，试题设计条件给出的数据，与设计规范中的相应数值常有不同。例如：小型车平行式停车位的尺寸，本题和历届试题均为 3m×8m、行车道宽度均为 4m；而《车库建筑设计规范》的相应尺寸为 2.4m×6m、行车道宽度为 3.8m。因此，〈耿长孚编考题〉的本题根据后者，将平行式停车位的尺寸由 3m×8m 改为 3m×6m。其答案与其他辅导书显然不同，但也无可比性！

【讨论】

根据《无障碍设计规范》第 3.14.2 条的规定："无障碍机动车停车位的地面应平整、防滑、不积水，地面坡度不应大于 1:50"。而本题地面的坡度均为 5%（1:20），故残疾人停车位无论位于场内何处，其地面坡度均大于限值，设计条件显然不当！如采用试题 II.5.13 的办法，将地面坡度分为两区，无障碍停车位应布置在 ≤2% 的坡度区内即可。

■ **停车场试题 II.5.17**（同〈张清编作图题〉3.4.14）

【评析与链接】

1. 〈张清编作图题〉的解答有两处不妥：

（1）当停车场有 2 个车辆出入口时，根据设计条件每个出入口的宽度 ≥5m 即可，且规范要求出入口与公交车站台的净距应 ≥15m。但答案中通向城市道路出入口的宽度仍为 7m，从而导致其与公交车站台的净距为：29m－2m－6m－7m＝14m（＜15m）。故应将该出入口的宽度改为 5m。

（2）设计条件要求："停车场用地红线内侧需留出 ≥2m 宽的绿化带，出入口通道处可不设"。其中"出入口通道处可不设"，系指行车道宽度范围内，不应包括相邻停车带与用地红线之间的部位。因此，其答案中的北和东停车带的一端均至用地红线，从而可多布置 1 个车位（总停车位为 62 辆），显然不妥。

2. 〈曹伟浚编作图〉和〈陈磊编指南〉编录此题，其答案无上述失误，如图 II.5.17

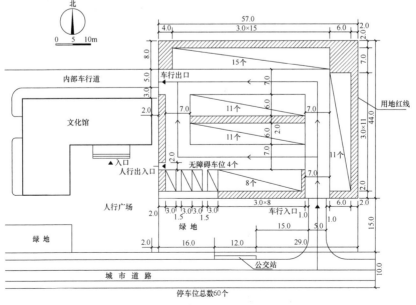

图 II.5.17

所示。

5.3 试题分类索引

停车场试题分类索引

试题分类	题 号	
	≤50 辆	>50 辆
无特定条件或要求	Ⅱ.5.04（3.4.3）、Ⅱ.5.06（3.4.5）	Ⅱ.5.96、Ⅱ.5.07（3.4.6） Ⅱ.5.09（3.4.8）、Ⅱ.5.11（3.4.10）、 Ⅱ.5.12（3.4.11） Ⅱ.5.17（3.4.14）
先选址后布置	Ⅱ.5.94、Ⅱ.5.98、Ⅱ.5.05（3.4.4）	Ⅱ.5.97
场内地面有坡度或为台地	Ⅱ.5.03（3.4.2）、Ⅱ.5.13（3.4.12） Ⅱ.5.14（3.4.13）	Ⅱ.5.00、Ⅱ.5.08（3.4.7）
先确定出入口坡道的坡度	Ⅱ.5.01	Ⅱ.5.99
同时布置中小型车位	Ⅱ.5.10（3.4.9）	—

第6章 绿化布置

■ 绿化布置试题Ⅱ.6.99

【试题】
一、比例：见图Ⅱ.6.99-1（单位：m）。
二、设计条件
某幼儿园的总平面图及树种图例如图Ⅱ.6.99-1所示。

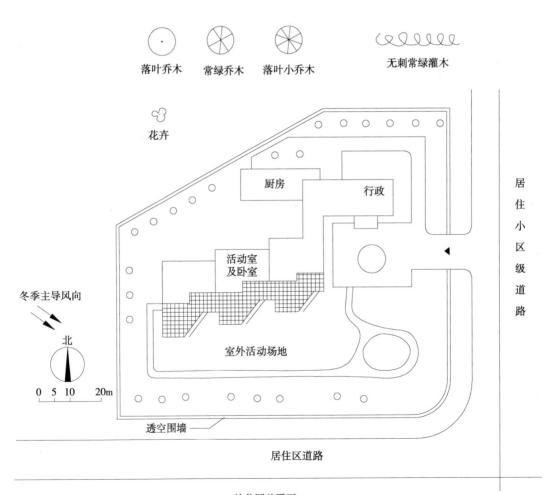

幼儿园总平面

图Ⅱ.6.99-1

三、任务要求

1. 在总平面图中有"○"标志的地方种树。

2. 沿用地的东、南边界内种植绿篱，以使用地与道路隔离。

3. 在图示的树种中选用合适者进行布置。

【答案】

作图答案见图Ⅱ.6.99-2。

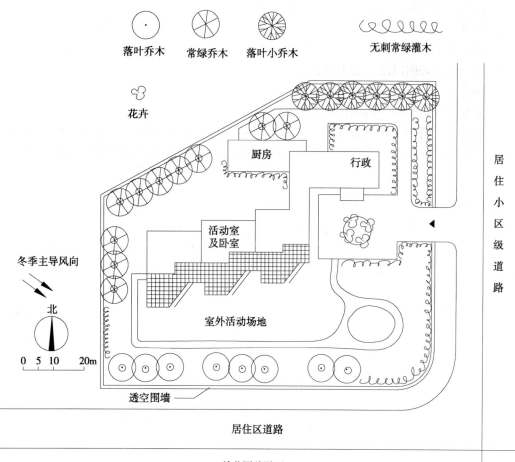

图Ⅱ.6.99-2

【考核点】

1. 美化环境；

2. 安全防护；

3. 限定空间和引导人流；

4. 改善局部气候。

【提示】

1. 沿街种植落叶乔木，既丰富景观，又可使室外活动场地夏有树荫，冬有阳光。

2. 沿东、南边界内种无刺常绿灌木，隔离街道，并限定儿童活动区及行政办公区。沿通向厨房的路旁也栽种无刺常绿灌木，用以引导人流。

3. 活动室及卧室前的室外场地不种大树以免影响室内视野和阳光照射。

4. 厨房不宜儿童进入，故用无刺常绿灌木围合。

5. 常绿乔木布置在西北边界，以阻挡冬季主导风向。

6. 花卉植于入口庭院，美化环境。

7. 按树种图例和给定的树位绘图，不要擅自改变，以免扣分。

【评析】

1. 难度适中 ★★★☆☆。

2. 完全模仿美国试题，毫无新意。

【链接】

1. 本题系历年来唯一的绿化布置试题。

2. 另外有三册应试教材也编录了本题，其解答仅有以下不同：在活动室与厨房间的院内，增植了常绿乔木，不能视为错答。但沿厨房却未种植无刺常绿灌木，则欠妥。

第7章 管线综合

■ **管线综合试题 Ⅱ.7.03**（同〈张清编作图题〉2.4.2）

【评析与链接】

1. 本题系历年来管线综合类的唯一试题。

2. 根据场地作图题考试大纲的规定（表 Ⅱ.1.2），管线综合与竖向设计（含场地地形和场地剖面）是两类不同内容的试题。〈张清编作图题〉将此题纳入场地剖面，似不妥。

3. 〈耿长孚编考题〉根据相关规范，对本题的命题提出两点质疑：小管沟不能混同于综合管沟，以及直埋管道的敷设排序不能套用在管沟中。

第8章　场地综合设计

8.1　2003 年以前的试题

场地综合设计试题各书解答对照（2003 年以前）　　　表 II.8.1

书名	简称	本书 （第 II 篇）	耿长孚 编考题	曹纬浚 编作图	陈磊 编指南	注册网 编作图	注册网 编题解	任乃鑫 编作图	研究组 编作图	张清编 作图题
	代号	⑨	①	②	③	④	⑤	⑥	⑦	⑧
年份及 题号	1994 年	II.8.94	V	—	—	—	—	—	—	—
	1995 年	停考								
	1996 年	II.8.96	—	—	—	—	—	—	—	—
	1997 年	II.8.97		X.						
	1998 年	II.8.98	X	同①.	—	—	—	X	—	—
	1999 年	II.8.99	X	同①.	—	—	—	X	—	—
	2000 年	II.8.00	V	—	—	—	—	—	—	—
	2001 年	II.8.01	V	—	—	—	—	V	—	X
	2002 年	停考								
说明	试题、答案、 评析、链接	其他辅导书的同题解答：—无此题　V 相同　X 稍异　XX 不同（X 和 XX 者在本 书的链接中阐述）·新版删除此题								

■ 场地综合设计试题 II.8.94

【试题】

一、设计条件

某单位在依山傍湖的丘陵地上筹建职工休养所。

1. 要求保持自然风貌，少动土石方，保留天然排水沟。

2. 对外交通从现有公路上引接。

3. 场地现状见图 II.8.94 – 1。

二、任务要求

1. 在天然排水沟以南地块内布置以下项目（建筑平面见图 II.8.94 – 1）：

① 餐饮、娱乐、接待楼（2 层，1 幢）。

② 休养楼（3 层，同样大小共 3 幢）。

要求有好的自然通风朝向，1、2 幢之间及 2、3 幢之间用连廊相接，不用相接的一侧则用作建筑内廊。

③ 汽车库、管理人员宿舍（2 层，1 幢）。

要求布置在较偏僻地段，库前广场要求留有露天停放普通客车 2 辆（停车位尺寸 10m×3.5m）、小汽车 5 辆（停车位尺寸 6m×2.8m）的场地。

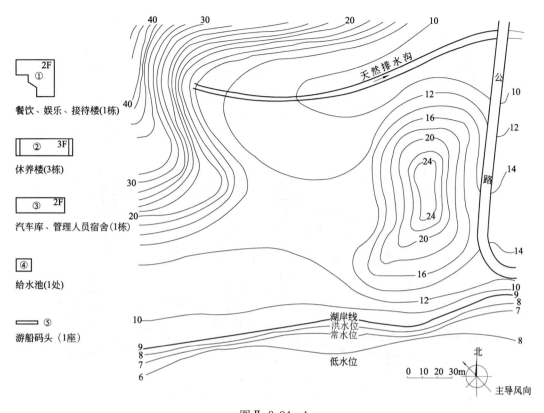

图Ⅱ.8.94-1

④ 在适当地点布置高位给水池 1 处（自流供水）。

⑤ 游船码头 1 处。

2. 规划连廊和连接 5 幢的场地道路系统（可通行汽车），并与场外公路相接。

3. 在休养楼区附近规划一处集中的活动场地（含小游园及健身场地）。

【答案】如图Ⅱ.8.94-2。

【评分标准】

一、5 幢房屋的布置（35 分）：

1. 休养楼宜选在面湖地形平坦的地段，组成安静区。朝向、通风、景观俱佳（15分）。

2. 接待楼应靠入口与汽车库组成服务区（10 分）。

3. 汽车库设在较偏僻地段（5 分）。

库前停放 2 辆客车，5 辆小车（5 分）。

二、高位水池应在山丘 32m 处（15 分）。

三、游艇码头布置在低水位能使用处（10 分）。

四、场地道路布置（20 分）：

1. 场地道路与场外公路及各幢房屋有较好的衔接（10 分）。

2. 楼前广场适当（5 分）。

3. 汽车库宜布置在道路的尽端（5 分）。

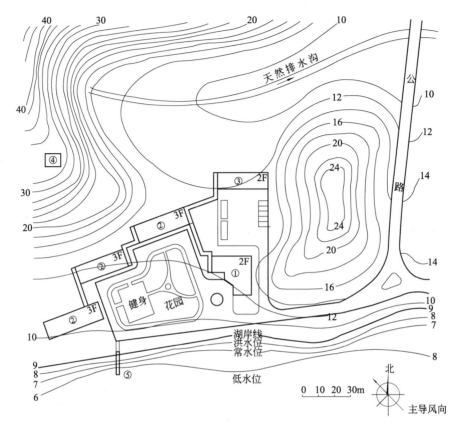

图 Ⅱ.8.94-2

五、活动场地（小游园及健身场地）布置合理（20 分）。

【链接】

1. 系 1994 年辽宁省一级注册建筑师资格试点考试的试题。

2. 仅〈耿长孚编考题〉有此题，且给出不及格答案的示例。

■ 场地综合设计试题 Ⅱ.8.96

【试题】

一、比例：见图 Ⅱ.8.96-1（单位：m）。

二、设计条件

1. 某休养所用地北面临街，南面临湖，东、西面为外单位用地。地形、方位、风向、
地界及城市道路标高等见图 Ⅱ.8.96-1 中的场地平面图。

2. 规划部门要求：建筑物应距道路红线 5.0m 以上，距两侧用地界线 9.0m 以上，距
保留树木树干 15.0m 以上。

3. 休养主楼及附楼、食堂、沿街商店、网球场、停车场的平面尺寸及层数见图 Ⅱ.8.96-1
中的单体平面图。

三、任务要求（暂不考虑残疾人的使用要求）

1. 确定休养主楼及附楼的位置（两者可拼接或用连廊连接），应保证客房有良好的朝

向、自然通风及景观。

2. 确定食堂的位置，应与休养主楼用连廊连接并形成一个杂物院（不小于 20.0m ×
20.0m）。

3. 确定沿街商店的位置，应可同时对内对外营业。

4. 确定停车场的位置，应接近场地入口和休养主楼入口。

5. 确定场地入口的位置（只允许设一个），应接近休养主楼入口，并使通往杂物院的
服务车流与停车场的车流互不干扰。

6. 确定网球场的合理位置。

7. 布置内部道路（3.5m 宽），应满足内部交通和消防的要求。

8. 结合已有湖面、树木，布置亭、桥（形式不限）及小路（约 1.5m 宽），形成一座游园。

9. 标出场地入口，休养主楼南、北入口外的室外设计标高，以及休养主楼室内的
±0.000设计标高（北入口处室内外高差为0.5m）。

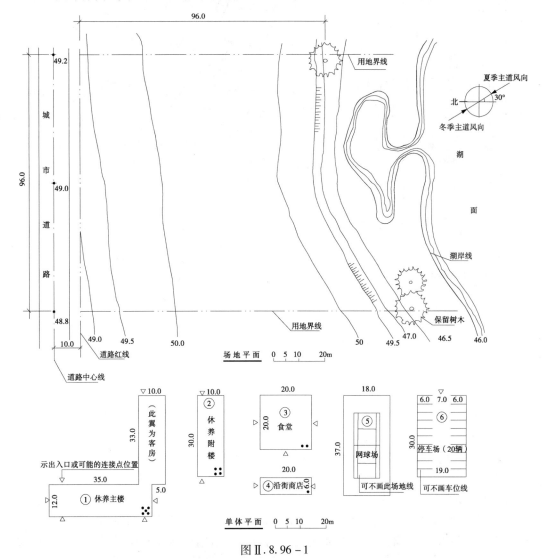

图Ⅱ.8.96－1

【答案】

作图答案见图Ⅱ.8.96－2。

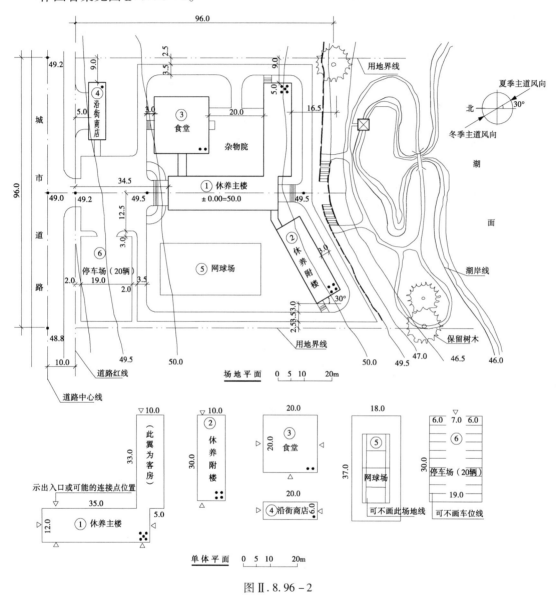

图Ⅱ.8.96－2

【考核点】

1. 场地布置：建筑组合与布局、停车场及网球场定位、游园布置；

2. 道路布置：场地出入口和内部环路的定位，以及车流组织；

3. 竖向设计：场地关键点标高、地形高差的处理。

【提示】

1. 场地布置

（1）休养主楼为客房的一翼及休养附楼应向阳和朝向湖面，故休养主、附楼应呈"Y"字形居场地南北中轴线上。再根据给定的与东、西用地界线及保留树木的距离要求，即可基本定位。同时，将附楼顺地形朝向东南，并用连廊与主楼连为一体。

（2）根据给出的冬季及夏季主导风向，可判定食堂应位于休养主楼的东北方位，以利于自身的通风和避免污染休养楼。与主楼用连廊连接，并形成要求的杂物院。

（3）停车场应接近场入口和休养主楼的入口，并应位于后者的西北方位，使其车流与去食堂的服务车流互不干扰。

（4）网球场因长轴必须南北向布置，故应位于休养主楼的西侧，与附楼也恰可保持距离。

（5）沿街商店必然位于停车场的对称位置，根据退道路红线和用地界线的距离位置，即可定位。

（6）游园布置：地狭处架桥，内湖岸旁建亭，以小路环绕相连，蔚然成景。

（7）综上所述，可以看出：一定要仔细审题，因为其中给出的条件或要求，如距保留树木或边界线的距离、主导风向、车流组织、客户朝阳向景、地形走向、网球场的布置特点等，正是建筑物布局和定位的依据。

2. 道路布置

（1）沿南北中轴线，正对休养主楼端部入口设场地入口。其内为入口广场，用以联系城市道路、停车场、休养主楼及沿街商店。

（2）由入口广场沿东、西用地界线和休养楼南侧的坡地上，布置环状道路，用以满足内部人流、服务车流，以及消防的需要。

3. 竖向设计

（1）根据场地南、北低，中部高而宽阔的特点，休养主楼的室内设计标高 ±0.00 可取 50.0m，与原地形标高相同，以便减少土方量。其南北入口外的场地设计标高则为 50.0 - 0.5 = 49.5m。

（2）场地入口处设计标高的确定：已知相应的城市道路标高为 49.0m，休养主楼北入口外的设计标高为 49.5m，故该地的设计标高取二者的中间数值 49.2m 即可，以保证入口广场向城市道路方向排除雨水。

（3）场地南部标高 49.5m 与 47.0m 之间有较大的高差，应设置挡土墙或护坡。并应在休养主楼南入口等处布置台阶或坡道，与其下方的游园形成交通联系。

【评析与链接】

1. 难度较大　★★★★☆。

2. 命题者预设了种种条件，目的是保证建筑物和专用场地布局的唯一性，使应试者如走钢丝，步步悬命！如将休养主楼和附楼合为一栋给出，也不必布置临湖游园，则难度较为合适。

3. 其他各书无此题。

■ 场地综合设计试题 Ⅱ.8.97

【试题】

一、比例：见图 Ⅱ.8.97-2（单位：m）。

二、设计条件

某海滨游乐园拟建在如图 Ⅱ.8.97-2 所示的场地上。

场地内应布置：综合服务楼、更衣、淋浴室（图Ⅱ.8.97－1）、停车场和由城市道路进入场地的道路及到码头和沙滩的步行道。场地规划要满足下面的要求：

1. 西侧后退道路红线 10m，南北两侧后退用地界线各 5m，东侧后退滨海步道 15m。

2. 保留现状树木。

3. 尽量减少场地内人流和车流的相互干扰。

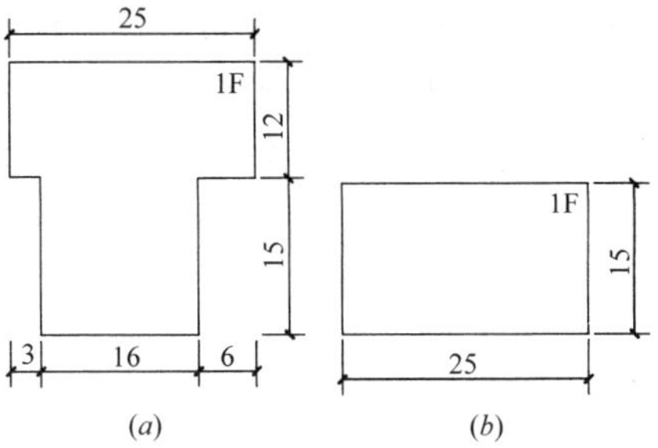

图Ⅱ.8.97－1
(a)综合服务；(b)更衣、淋浴

三、任务要求

1. 回答问题：

(1) 该海滨游乐园的出入口数量为 [   ] 个。

A. 1　　　　　　　B. 2　　　　　　　C. 3

(2) 残疾人停车位的位置应靠近 [   ] 布置。

A. 出入口　　　　B. 更衣、淋浴室　　　C. 综合服务楼

(3) 综合服务楼与更衣、淋浴室的前后间距不宜小于 [   ]。

A. 6m　　　　　　B. 10m　　　　　　C. 15m　　　　　　D. 20m

2. 在场地内布置综合服务楼、更衣、淋浴室和一个小汽车停车场（要求有 49 个停车位和 5 个残障车位），设置必要的人行道、车行道和铺地。

【答案】

1. 作图答案见图Ⅱ.8.97－3所示。

2. 回答问题：

(1) B　　　(2) C　　　(3) A

【提示】

1. 出入口数量：根据规范规定，本设计中停车数大于 50 辆，故设置两个出入口，位置临城市道路一侧。南端为入口，北端为出口。

2. 建筑布置：按停车——综合服务——更衣、淋浴——沙滩旅游使用顺序进行设计。综合服务楼与主要出入口直通近便，布置在基地的中部。更衣、淋浴室布置在其南侧，靠近沙滩。各建筑物布置时，避开现有树木，并满足规划要求条件。

3. 道路交通：根据规范规定，距建筑入口及车库最近的停车位置，应划为残疾人专用停车车位。故停车场布置了 5 个残疾人停车位，并靠近综合服务楼入口。

车行道布置结合停车场设计进行，同时考虑综合服务楼商品的运输要求，在楼前设置一处广场。此外，在停车场、各个建筑物、沙滩和滨河步道之间设置人行道，满足人行要求。最后，在综合服务楼和淋浴的出、入口处，人流相对集中处，设置铺地。

【评析与链接】

1. 难度适中 ★★★☆☆。

2. 上述答案并不理想：出入口应人车分设；服务楼前应设集中广场，使去码头和游泳者及早分流，互不交叉。〈曹纬浚编作图〉的答案即将停车场（改为 50 辆）设单独出入口直通城市道路。其他辅导教材无此题。

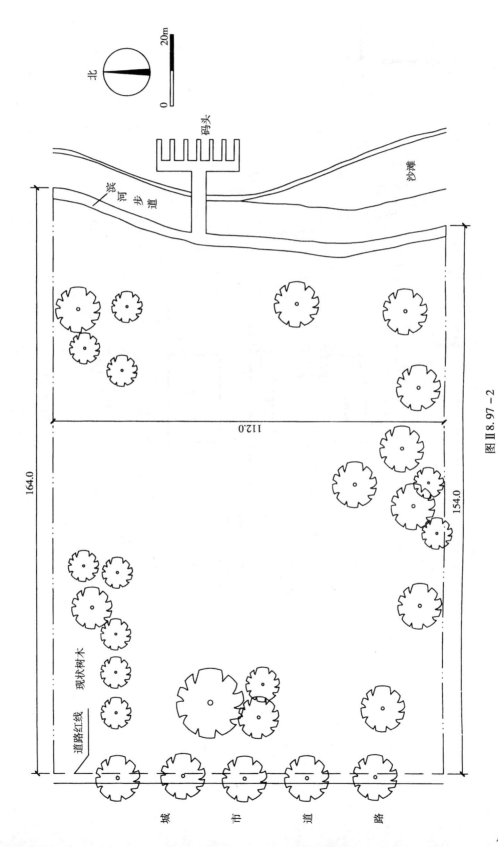

图 II 8.97－2

图 II 8.97-3

■ 场地综合设计试题 Ⅱ.8.98

【试题】
一、比例：见图Ⅱ.8.98－1（单位：m）。
二、设计条件
在城市主干道的西北侧拟建一组纪念性建筑群。其用地环境如图Ⅱ.8.98－1所示：有山丘一座，并于临河、山腰及山顶形成三处台地。山下为河，河上有桥。
三、任务要求
1. 根据已知建筑单体布置一组纪念建筑群。建筑单体平面如图Ⅱ.8.98－1所示，其中纪念阁的平台内设有给水池。
2. 根据地形和设计意图，加绘登山石阶道、广场、道路（尺寸及形状不限）。

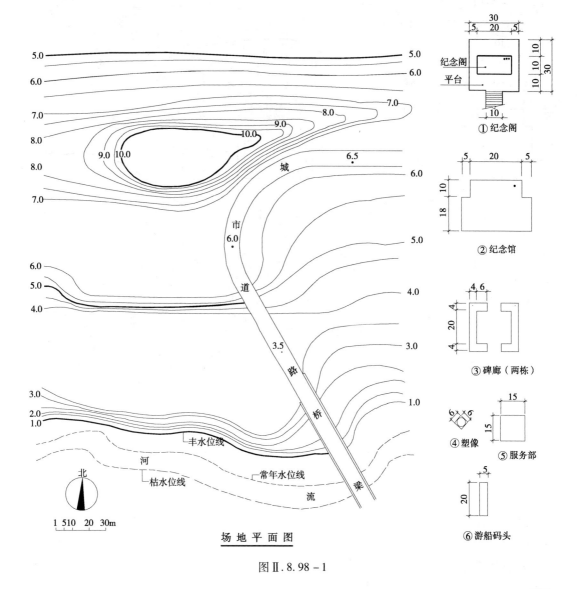

场 地 平 面 图

图Ⅱ.8.98－1

177

3. 设主入口一处，应从城市道路引入，并在附近布置 20 辆车位的小轿车停车场一座（车位尺寸 3m×6m，行车道宽 7m，采用垂直停车方式）。

4. 根据已知游船码头尺寸和水位线，以及参观路线确定码头的位置。

5. 标注主要场地的设计标高三处（碑廊外地面、纪念阁平台、纪念馆外广场）。

6. 应尽量不破坏自然地形，保持原有环境。

7. 应考虑建筑群体从城市道路及河面方向观看的景观效果。

【答案】

作图答案见图Ⅱ.8.98-2。

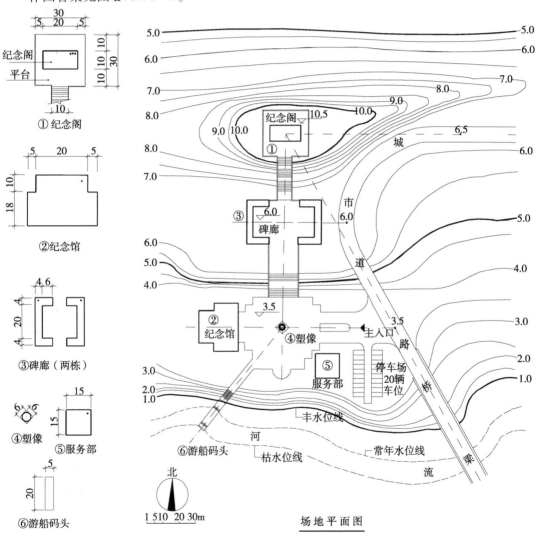

图Ⅱ.8.98-2

【考核点】

1. 景观构成；

2. 参观路线；

178

3. 场地布置；

4. 竖向设计。

【提示】

1. 景观的基本构思：

（1）建筑物的平面布置应呈轴线构图，用以突出庄严肃穆的纪念氛围。

（2）应将高耸的纪念阁置于最高处，突出其标志性，用以表达纪念性主题。

（3）在城市道路轴线的交汇处应布置对景建筑，使之成为整个城市的地标之一。

（4）由低向高在三个台地上分别布置高、低建筑物，使沿河景色既有鲜明的轮廓又有丰富的层次。

2. 参观路线的组织：

主入口（或码头）→临河广场（参观纪念馆，了解事迹、历史）→山腰广场（参观碑廊，激发情感）→登纪念阁（极目远眺，缅怀追思）→原路返回，在临河广场附近购物、餐饮和休息。

3. 场地布置：

基于上述的景观构思和功能安排，场地规划自然呈如下布局：

（1）纪念阁位于山顶台地上，其平面形心位于城市道路轴线的交点上。注意：给出其平台内有高位给水池，实际已暗示了它的位置。

（2）碑廊布置在山腰台地上，并与纪念阁构成南北主轴线，用以体现纪念主题。

（3）纪念馆位于临河台地的西侧，与城市道路上的入口相对，构成东西次轴线，用以引导人流。

（4）两轴线交汇点处立塑像，四周辟为临河广场，用以转换空间和集散人流。

（5）停车场和服务部位于入口附近，以便于购物、休息和车辆出入。

（6）码头应位于枯水线和丰水线间距恰为20m处，并非在南北轴线的末端，从而使场地布置不至于过分严谨。

4. 竖向设计：

主要根据台地的自然标高确定场地的设计标高，以减少土方工程量。三处场地设计标高分别为：临河广场3.5m，山腰广场6.0m，纪念阁平台10.5m。

【评析与链接】

1. 难度适中 ★★★☆☆。

2. 从图上看，丰水线与枯水线间距为20m处并非仅此一地，故码头的定位比较牵强。

3. 考虑与城市道路的关系，临河广场和碑廊广场的场地设计标高应取3.8m和6.3m，较为合理。

4. 因此，其他应试教材的答案，与本书分别有以下不同：

（1）标高数值变更；

（2）停车场的出入口直通城市道路；

（3）服务部移至主入口道路的北侧；

（4）游船码头移至南北轴线上。

■ 场地综合设计试题 Ⅱ.8.99

【试题】

一、比例：见图Ⅱ.8.99-1（单位：m）。

二、设计条件

1. 某城市中心拟建综合性建筑，其用地平面见图Ⅱ.8.99-1。

2. 拟建项目如后（各单体平面的尺寸不得改变，但方位可转动）：

（1）商场：2~4层，建筑高度10~20m，其中1~2层为商店，3~4层为娱乐、餐饮，屋顶设网球场。娱乐、餐饮部分既对外营业，也为旅馆服务。

（2）旅馆：28层，建筑高度100m。

（3）办公楼：10层，建筑高度40m。

（4）连廊：视需要设置，可为1~4层。

三、规划要求

1. 建筑后退用地界线或道路红线的距离：东、南、西侧均为8m，北侧为12m。

2. 交通：

（1）东侧允许设一个车辆出入口，南侧允许设一个主出入口和一个车辆出入口。

（2）设地面停车场一处，车位不少于25个。另在办公楼和旅馆的主入口前均设4~5个临时停车位。

（3）停车场采用垂直式停放，车位尺寸为3m×6m，行车道宽7m。

（4）在商场附近设≥300m² 的非机动车停车场。

3. 绿化：用地内设置一个对市民开放的公共绿地，其面积≥800m²。

4. 用地内有一视觉控制线通过，该线以南建筑高度应≤12m，以北建筑高度不限。

5. 日照：建筑物的布置应保证用地北部的两栋住宅，在冬至日的有效日照时间≥1h。

（1）当地的有效日照时间为9：00~15：00。

（2）若建筑物距住宅南墙的距离≥该建筑物高度的1.2倍时，可不做日照分析。

（3）当地日照参数见下表：

四、任务要求

1. 按上述条件，绘制总平面图。

2. 标出建筑物与用地界线（或道路红线）的距离、建筑物之间的距离、道路宽度。标出非机动车停车场和公共绿地范围和面积。

3. 画出机动车停车场的车位和行车道。

4. 用"▲"表示建筑物主要出入口；用"△"表示场地开向城市道路的机动车出入口。

5. 画出日照分析线，并注明日照时间值。

【答案】 见图Ⅱ.8.99-2。

【考核点】

1. 建筑布置；

2. 交通组织；

3. 绿地布置；

4. 日照分析。

时间	8：00	9：00	10：00	11：00	12：00
	16：00	15：00	14：00	13：00	
方位角	60°	45°	30°	15°	0°

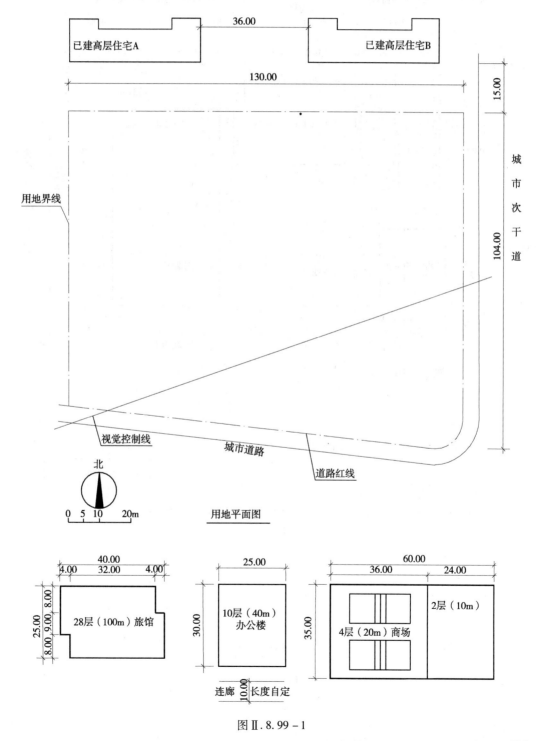

图Ⅱ.8.99－1

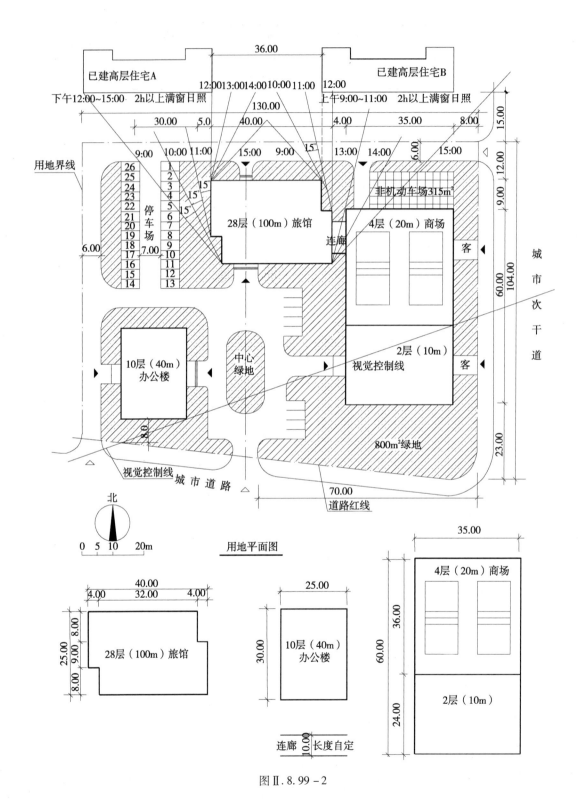

图Ⅱ.8.99－2

182

【提示】

1. 建筑布置

（1）首先要确定商场的位置：已知商场屋顶设有网球场，故商场应南北长向布置，其东侧距道路红线8m，4层部分的东南角应在视觉控制线上。

（2）其次要确定旅馆的位置：已知商场同时为旅馆服务，故旅馆应靠近商场西侧布置。旅馆36m宽的北外墙应正对两栋住宅的山墙间距36m（对住宅日照遮挡最小），同时距用地界线12m。另外在商场与旅馆间用连廊相接。

（3）最后确定办公楼的位置：它应位于用地的西南方位，与旅馆、商场呈"品"字形布置，形成公共内院和对外出入口。具体定位是：距西侧用地界线8m，建筑物东南角位于视觉控制线上。

2. 交通组织

（1）在内院正南设主要出入口，与城市道路相连。内院的东、北、西三个方向分别通向商场、旅馆和办公楼。

（2）沿北、西用地界线内侧设车行道（宽6m），并在东北及西南角设车辆出入口，与城市道路相连。沿该车行道可分别向商场、旅馆和办公楼开辟货流入口。

（3）在用地的西北部，临车行道设机动车停车场（25辆），并与内院相通，以便于进车和出车。在内院旅馆和办公楼主入口附近，设临时停车位（4~5辆）。

（4）商场东侧沿城市道路设两个对外营业出入口。旅馆及办公楼各设两个出入口，以满足消防疏散要求。

（5）在商场北侧外墙至车行道间布置非机动车停车场（>300m²）。

3. 绿地布置

（1）在商场南侧临城市道路转角处设公共绿地（>800m²）。

（2）在内院中央设花坛，美化环境及便于行车。

（3）建筑物四周在满足消防扑救条件的同时，尽量布置绿地。

4. 日照分析

（1）办公楼距住宅>48m（1.2×40m），商场距住宅>24m（1.2×20m），故可不做日照分析。

（2）旅馆距住宅<120m（1.2×100m），故做日照分析如下：

根据有效日照时间和日照参数，按时段在建筑最外缘的两个角点处，分别作9：00~15：00的日照方位线。由此可知：右侧住宅在9：00~11：00，左侧住宅在12：00~15：00，均可获得>2h的日照。

【评析与链接】

1. 难度较大 ★★★★☆。

2. 本题难在首先能根据视觉控制线、网球场的方向性、商场的对外性、旅馆与商场的关联性、已建高层住宅的日照要求等给出的条件，顺利确定商场、旅馆、办公楼三者的正确位置，否则很难胜出。

3. 图Ⅱ.8.99-3是〈任乃鑫编作图〉中同题答案之一，尽管总体布局基本正确，但在交通组织上问题较大，如：机动车无独立出入口、停车场"串联"停放等。此外，从图面上看，两栋高层住宅的间距变大后，B栋的实际日照时间为9：00~12：00。

4. 〈耿长孚编考题〉的答案与本书的差异，仅为临时停车场的布置有所不同。

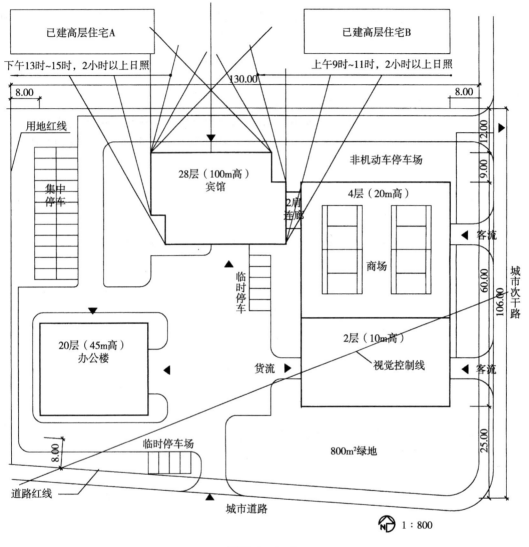

图Ⅱ.8.99－3

■ 场地综合设计试题Ⅱ.8.00

【试题】

一、设计条件

1. 某河滨有古码头和古渔村遗址各一处，现拟在其附近建设古船博物馆及民俗研究所，建设用地如图Ⅱ.8.00－2所示。拟建建筑及专用场地见图Ⅱ.8.00－1。

2. 对外开放场地的参观顺序为：古船博物馆→露天展场→古码头遗址和古渔村遗址→民俗表演场地。用地设两个通向城市道路的出入口，一为供参观及研究所办公出入的主出入口；另一为后勤出入口。

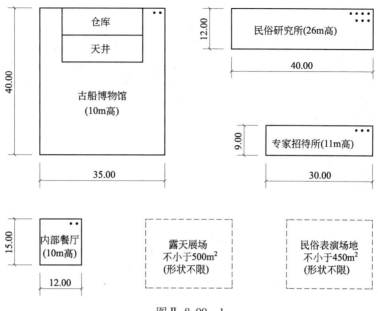

图Ⅱ.8.00－1

3. 规划要求：

（1）建筑物应后退用地界线及道路红线≥5m。

（2）新建建筑及展演场地不得在遗址保护区控制线内布置。

4. 道路布置应满足消防及使用要求。机动车停放：对外车位数≥10 辆；对内车位数≥8辆。车位尺寸为 3m×6m。

5. 设计应结合环境及地形。

二、任务要求

1. 绘制总平面图，画出建筑物、展演场地、道路、广场、停车场等。

2. 注明建筑物及展演场地的名称；标注建筑物主入口及用地的主出入口和后勤出入口，用▲表示；标注用地主出入口、古船博物馆主入口、露天展场及民俗表演场地的标高。

3. 标注满足防火规范的间距尺寸。

4. 画出停车场的车位，并标明数量。

5. 画出参观起止路线，用──→连续表示。

【答案】

如图Ⅱ.8.00－3。

【提示】

1. 内业区应沿用地北界布置，以利区分内外人流和车流，互不干扰。并根据主导风向和进出方便，由西向东依次为内部餐厅、专家招待所、民俗研究所。

2. 古船博物馆及露天展场则应位于内业区与古渔村遗址之间。且应在53.00 等高线以上地段（洪水位 52.50m＋0.5m），并根据博物馆内仓库应邻近内业区的使用要求，博物馆的长轴应为南北方向。其主入口则面向古渔村遗址，使二者融合呼应。其间布置主广场作为联系二者及古码头遗址和城市道路的空间枢纽。

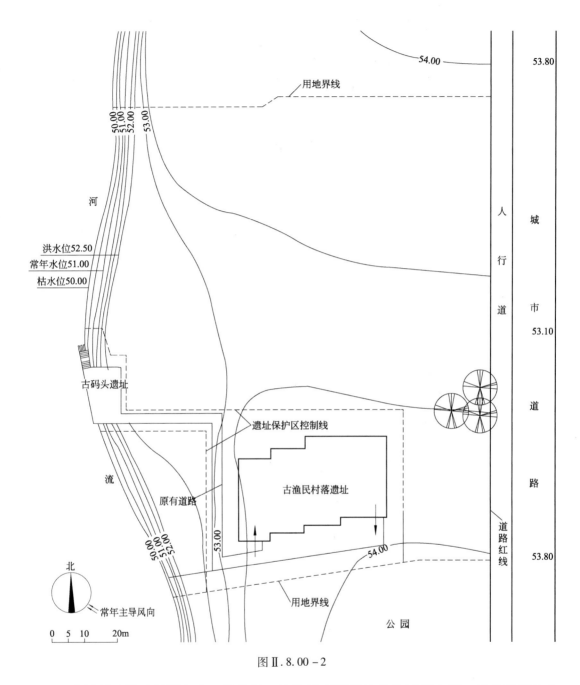

图 Ⅱ.8.00 - 2

3. 古渔村遗址已标明出入口的位置，故民俗表演场地必位于其右侧，且临近用地主
出入口。

4. 停车场则应位于博物馆的东侧，以利直接通向城市道路，也便于区分内外车流。

【链接】

1.〈耿长孚编考题〉还给出一个不及格的答案。其主要问题为：露天展场位于洪水淹
没区内（53.00 等高线以下）；主入口和后勤出入口，以及主广场均未能人车分流；博物
馆主入口设于东南角，仅面向主广场，与古渔村和古码头遗址空间组织无序。

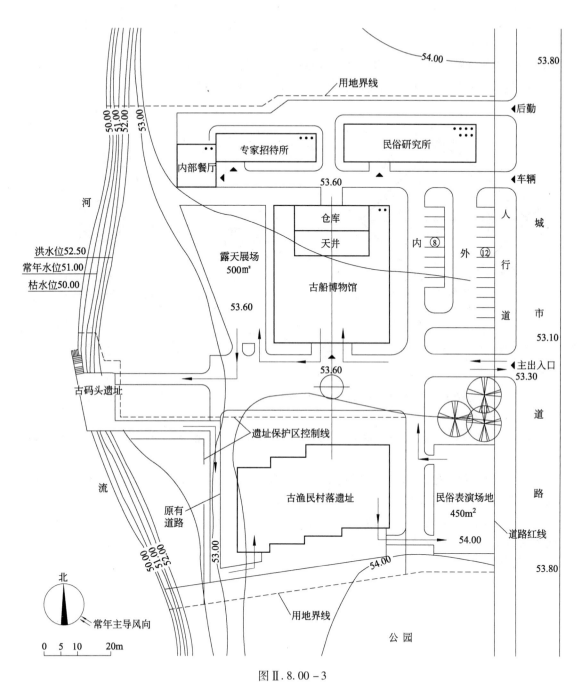

图 Ⅱ.8.00-3

2. 其他应试教材均无此题。

■ 场地综合设计试题 Ⅱ.8.01

【试题】

一、设计条件

1. 某城市拟建电视塔，场地平面见图 Ⅱ.8.01-2。

2. 电视塔、办公楼、宿舍、职工食堂、喷泉、停车场平面尺寸及层数等见图Ⅱ.8.01－1。

3. 要求电视塔能对公众开放，并考虑城市景观，根据管理要求，电视塔场地须设置围墙，围墙外设置外部停车场及不小于5000m²的集散绿化广场。

4. 场地布置应符合使用及规划要求，场地内原有树木予以保留。

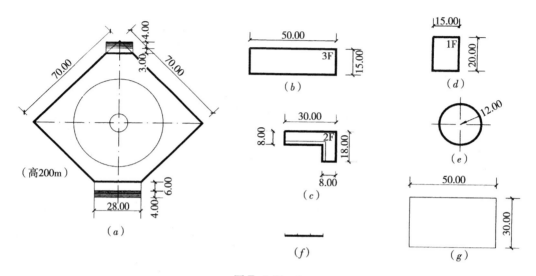

图Ⅱ.8.01－1

(a) 电视塔；(b) 办公楼；(c) 宿舍；(d) 职工食堂；(e) 喷泉；(f) 围墙；(g) 停车场

二、任务要求

1. 在场地内画出电视塔、附属建筑（允许转向）、道路、广场、停车场、喷泉、围墙等。

2. 标出电视塔位置尺寸、附属建筑物间距尺寸、主要道路宽度，标出车辆入口、次入口、围墙大门主入口的位置，标出建筑物主入口，用△表示。

3. 根据城市道路标高及用地地形等高线，标出场地车辆入口、围墙大门主入口及电视塔入口前室外地面设计标高。

【答案】 见图Ⅱ.8.01－3。

【评析与链接】

1. 难度适中 ★★★☆☆。

2. 本题必须从城市景观的宏观角度，确定电视塔、广场和后勤区三者的正确位置。一般均能将后勤区布置在东北部，关键是电视塔和广场何者居于西侧临河高地上，及格与否在此分野。

3. 如将电视塔临街建于高地下，则必造成如下主要缺失：

(1) 在通往市中心的干道上无完整对景；

(2) 从河流方向仅能看到电视塔的上部，形象残缺；

(3) 从次干道进入时无过渡空间，视距太短，感觉压抑；

(4) 广场位于高地上，喧宾夺主。

4. 〈张清编作图题〉5.4.2的答案，办公、宿舍和食堂区无直接对外出入口。停车场临主干道距主入口较远。均不够理想。

5. 其他应试教材的答案均同本书，仅场地标高系统取值有异。〈耿长孚编考题〉还给出了电视塔位于高地下的答案。

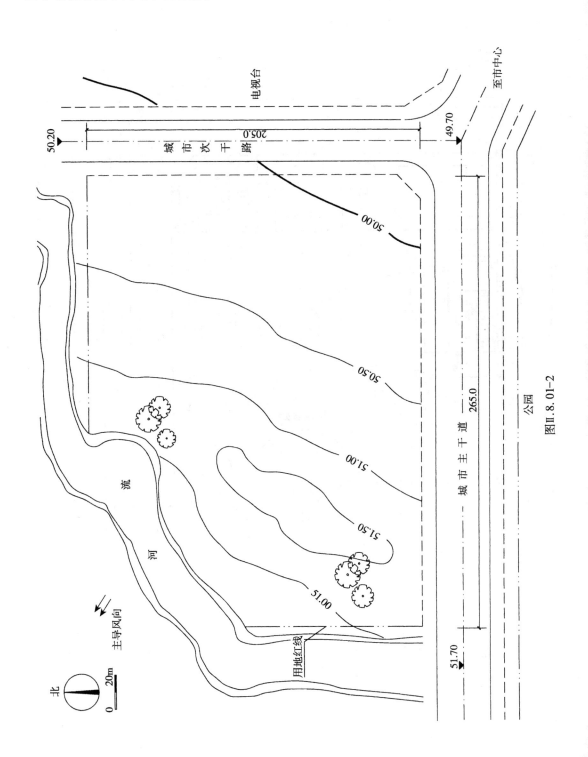

图Ⅱ.8.01-2

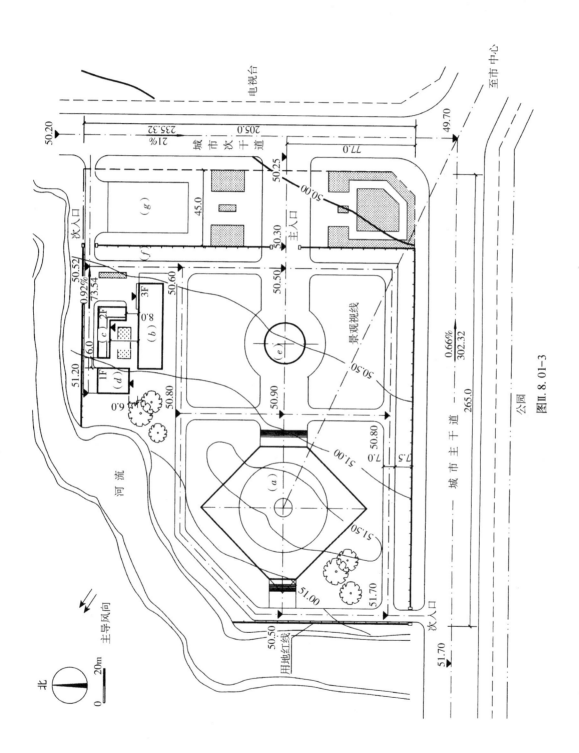

图Ⅱ.8.01-3

190

场地综合设计试题各书解答对照（2003 年及以后）　　　表II.8.2

书名（简称）	张清编作图题	本书（第II篇）	耿长孚编考题	曹纬浚编作图	陈磊编指南	注册网编作图	注册网编题解	任乃鑫编作图	研究组编作图
代号	⑧	⑨	①	②	③	④	⑤	⑥	⑦
2003 年	5.4.3	II.8.03	V	—	—	V	V	V	—
2004 年	5.4.4	II.8.04	X	—	同①	V	V	V	—
2005 年	X	II.8.05	XX	同⑧	V	—	V	V	—
2006 年	5.4.6	II.8.06	XX	V	X	V	V	V	X
2007 年	5.4.7	II.8.07	XX	XX	XX	XX	同④	同④	—
2008 年	5.4.8	II.8.08	XX	同①	—	X	同④	同④	—
2009 年	5.4.9	II.8.09	XX	同①	X	XX	同④	同④	XX
2010 年	5.4.10	II.8.10	X	V	X	—	X	同⑤	—
2011 年	5.4.11	II.8.11	XX	同⑧	X	—	V	V	—
2012 年	5.4.12	II.8.12	X	V	V	V	V	V	—
2013 年	5.4.13	II.8.13	X	X	X	—	X	同⑤	—
2014 年	5.4.14	II.8.14	X	—	V	—	—	V	—
2017 年	5.4.15	II.8.17	—	X	同②	未	出	新	版
2018 年	5.4.16	II.8.18	—	—	X	未	出	新	版
说明	试题答案	评析链接	其他辅导书的同题解答：— 无此题　V 相同　X 稍异　XX 不同（X 和 XX 者在本书的链接中阐述）						

■ **场地综合设计试题 II.8.03**（同〈张清编作图题〉5.4.3）

【评析与链接】

1. 将音乐和美术馆沿主干道布置，并设专用的出入口与位于次干道的学校主入口分工明确，符合规范要求。新建教学楼临近宿舍区且环境清新，但与原教学楼较远，稍有不便。

2. 〈耿长孚编考题〉的答案一，以及其他应试教材的答案，均与本书同。

3. 〈耿长孚编考题〉的答案二如图 II.8.03 - 1 所示。其新旧教学楼形成完整的教学区，使用方便。音乐厅和美术过于集中，各自出入口虽分居主、次干道上，但与学校主、次出入口较近，交通组织并不理想。如图书馆与行政楼换位，则对外及对内关系更好。

4. 〈耿长孚编考题〉的答案三（图 II.8.03 - 2）与〈陈磊编指南〉的答案相同。其总体布局兼收前述两个答案的优点，甚为合理。但须将原山丘南移，改变了设计条件，实际并无可比性。

■ **场地综合设计试题 II.8.04**（同〈张清编作图题〉5.4.4）

【评析与链接】

1. 其他辅导书的答案，仅场地和拟建建筑尺寸稍异，但布局均同。其中〈陈磊编指南〉的答案如图 Ⅱ.8.04 所示, 有两处解答更为合理。

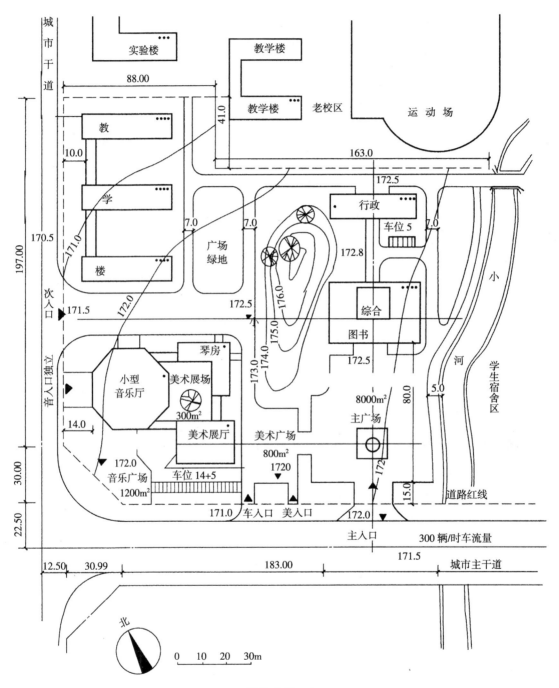

图 Ⅱ.8.03－1

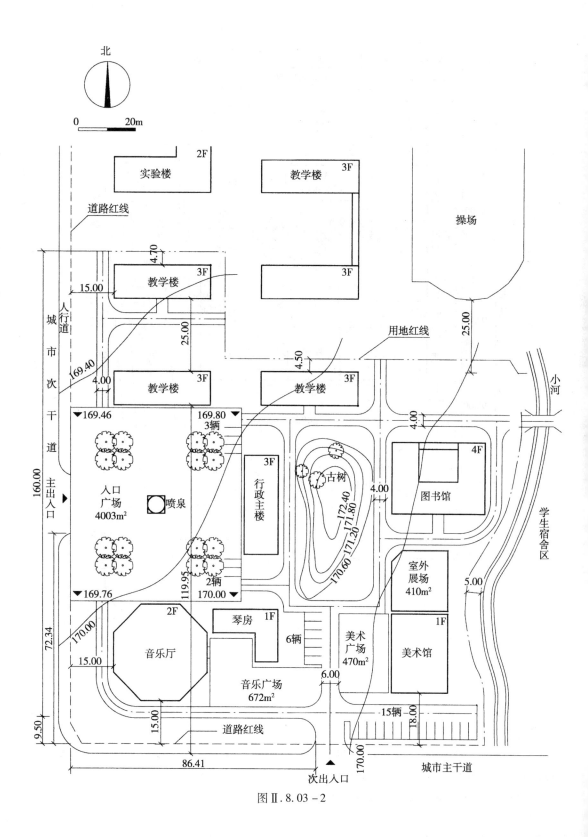

图Ⅱ.8.03－2

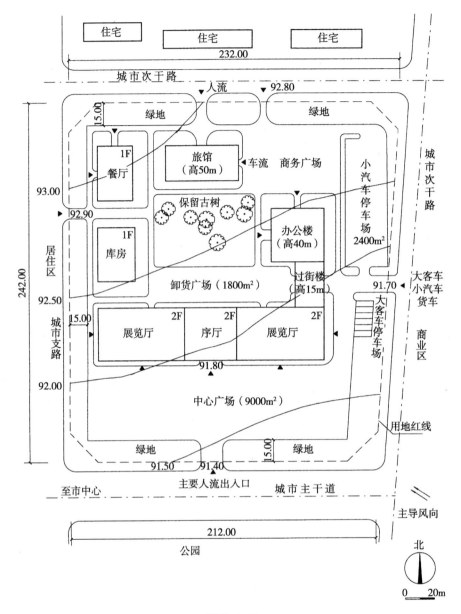

图Ⅱ.8.04

（1）消防车道与停车场分隔，各行其道。

（2）由于办公、连廊、展馆、库房围合后的总长大于220m，且展馆总长也已超过150m，按规范要求应设置穿过或环绕建筑物的消防车道。为此，除连廊为过街楼外，还将库房与展厅脱开布置。

2.〈耿长孚编考题〉尚提供了两个不及格答案：其一为展馆朝东，高层旅馆临主干道；其二为展馆朝向东南路口，高层办公临主干道。二者均喧宾夺主，未能突出主题。作为反面教材，有兴趣的读者不妨一阅。

■ 场地综合设计试题 II.8.05

【试题】

一、设计条件

1. 某体育用地现状如图 II.8.05 - 1 所示。其西侧为公园，南侧、东侧及北侧均为城市道路，且东侧已有出入口和内部道路通至已建办公楼（高 18m）。

2. 城市规划要求建筑物退后道路红线 5m。当地日照间距系数为 1.2。

3. 欲在用地内新建体育馆、训练馆、餐厅各一栋，以及运动员公寓两栋（高 20m）。各建筑的平面形状及尺寸见图 II.8.05 - 1。

二、任务要求

1. 体育馆主入口朝南，其前面的广场面积不小于 4000m²。

体育馆四周 18m 范围内不得布置其他建筑物和停车场。

2. 训练馆与公寓和体育馆均应有便利的联系。

3. 小汽车停车场面积不小于 4000m²，车位尺寸 3m×6m，行车道及出入口宽 7m。画出停车带和出入口即可。

另外，择地布置电视转播车及运动员专车停车位 10 个（4m×12m），以及贵宾停车位 12 个（3m×6m）各一处。

4. 自行车停车场面积不小于 1200m²。

5. 布置新建建筑、广场、汽车及自行车停车场、绿地、道路及出入口，标注相关尺寸和出入口的性质（对内、对外、人流、车流）。

【答案】

作图答案见图 II.8.05 - 2。

【考核点】

1. 建筑物布局的功能关系；

2. 停车场的布置及人流、车流的组织；

3. 日照间距系数；

4. 建筑控制线；

5. 室外空间组合及景观效果。

【提示】

1. 两栋公寓和餐厅布置在用地东北角的地块内，接近东入口和办公楼，对内对外方便。公寓间距为 20×1.2 = 24m，公寓及办公楼间距亦为 7m + 7m + 10m = 24m > 18m×1.2 = 21.6m，满足日照要求。

2. 训练馆位于公寓和体育馆之间，并临近场地北入口，联系便利。

3. 体育馆西邻公园，东侧正对已有道路及场地东入口。北侧为与训练馆共用的场地的北入口。南侧为该馆主入口，其外为面对城市道路的主广场，用于人流集散，并构成对外景观的主体。体育馆四周为环路，以利疏导人流和满足消防要求。

4. 主要小汽车停车场位于体育馆与办公楼之间，直接通向南侧城市道路，与主广场有绿地相隔，互不干扰。

5. 自行车停车场位于办公楼南侧（场地的东南角），出入极为顺畅。

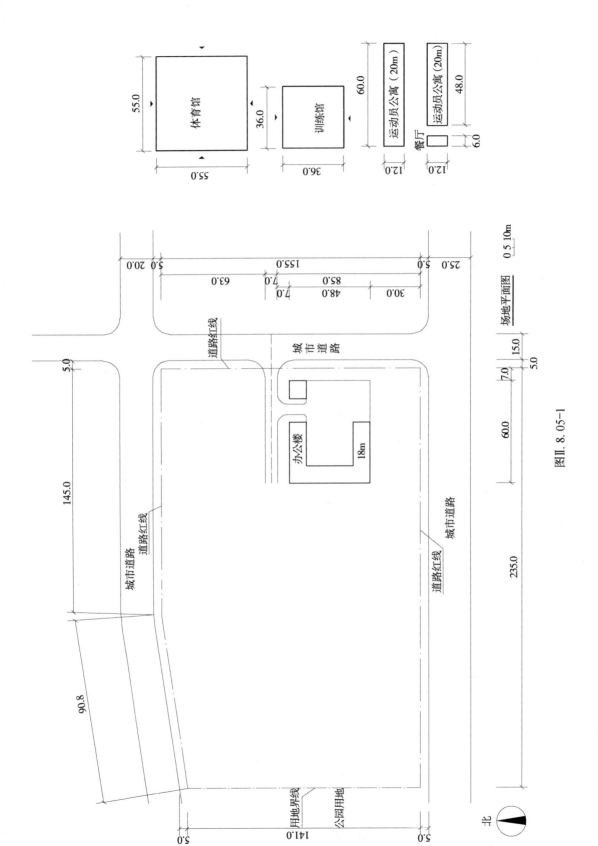

体育馆 55.0 × 55.0

训练馆 36.0 × 36.0

运动员公寓（20m）

运动员公寓（20m）

餐厅

场地平面图

0 5 10m

图Ⅱ.8.05-1

办公楼 18m

道路红线

城市道路

城市道路

城市道路

道路红线

道路红线

用地界线

公园用地

北

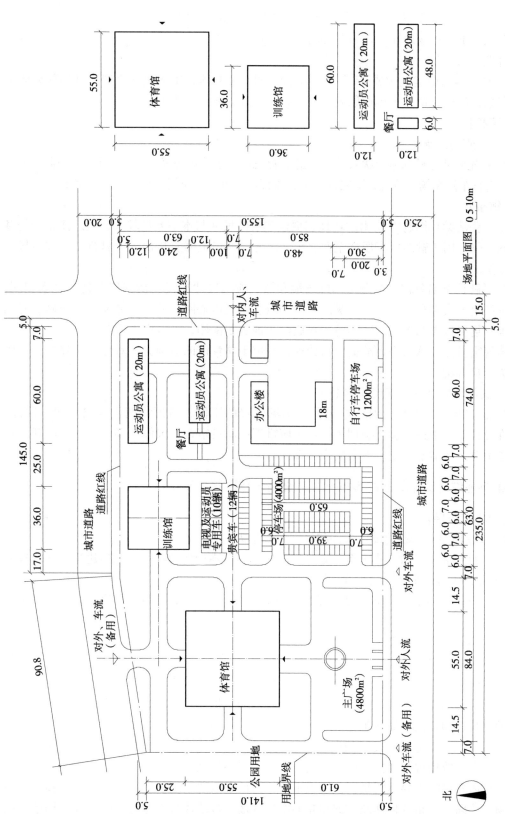

图Ⅱ.8.05-2

场地平面图 0 5 10m

197

6. 对外（观众）人流、车流均直接面向城市道路，对内（含贵宾）人流、车流则从场地东入口出入；场地北入口为对外辅助出入口。故人流、车流、对内、对外的交通组织明确合理。

7. 场地内新旧建筑构成"冂"字形围合空间，并对体育馆成烘托之势，其西侧公园为绿化背景，使体育馆的主体形象尤为突出，从而成为城市景观的亮点。

【评析】

1. 难度适中 ★★★☆☆。

2. 首先应从分析场地现状入手，根据功能关系、建筑单体及日照间距尺寸，判定公寓、餐厅、自行车停车场的位置；随之训练馆、体育馆、汽车停车场的位置才能正确推定。

【链接】

1.〈张清编作图题〉给出的场地和拟建建筑的尺寸与本书差异较大，但总体布局仍基本相同。仅专用车辆的停车场移至西北角，由北侧城市道路直接出入。自行车存放沿场地西界布置。

2.〈耿长孚编考题〉此题给出的场地和拟建建筑尺寸与〈张清编作图题〉基本相同，但将训练馆与大停车场换位，车辆出入口开向北侧城市道路，使人车分流更为明确。专用车辆停车场仍位于两者之间，自行车存放位于训练馆南侧，沿城市干道布置。

该答案虽然训练馆距运动员公寓较远，且位于体育馆的右前方，难免喧宾夺主。但仍应视为及格答案。

3. 其他辅导书的答案均同本书。

4. 综上可知：本题因训练馆与大停车场位置的不同，可形成两类及格答案。因此，只有在设计条件中进一步明确训练馆是否应毗邻运动员宿舍？大停车场的出入口应开向那条城市道路？才能确保正确答案的唯一性。

■ **场地综合设计试题Ⅱ.8.06**（同〈张清编作图题〉5.4.6）

【评析与链接】

1. 多数辅导书本题的设计条件和答案差异不大：

（1）日照间距系数多为1.5，仅一书为1：2。但不论何值，由于拟建建筑高度均较低（6～12m），故对建筑间距均未起到限定作用。

（2）有的辅导书将"住宅型疗养楼"改为"住宅"，按职工内部用房对待。但未影响总体布局。

（3）设计条件"要求将介助、介护等和行政接待保健综合楼等用连廊连接"，因对其中"等"的含义理解不同，故〈陈磊编指南〉的答案仅将介助、介护和行政接待保健综合楼三栋建筑用连廊连接，未含自理和餐饮娱乐综合楼在内（图Ⅱ.8.06）。

（4）不少答案（包括〈张清编作图题〉）均能根据要求，保证救护车可到达各楼。但沿介助楼长边却未设置消防车道。

2.〈耿长孚编考题〉此题的设计条件无变化，但答案布局与其他辅导书差异较大，也无致命缺点，故仍视为合格。也即本题的正确答案并不唯一。

其总体布局的主要不同是：在用地中部偏南设东西向干道，连接西侧出入口和东侧中心广场。该路以北布置自理及介护和介助型疗养楼、行政接待保健综合楼、健身场地；该路以南则布置停车场、住宅型疗养楼、餐饮娱乐综合楼。分区集中，功能清晰。

3.〈研究组编作图〉的答案将自理楼居中，西端与介助、介护楼平，东端伸向入口广场，其他无大异。

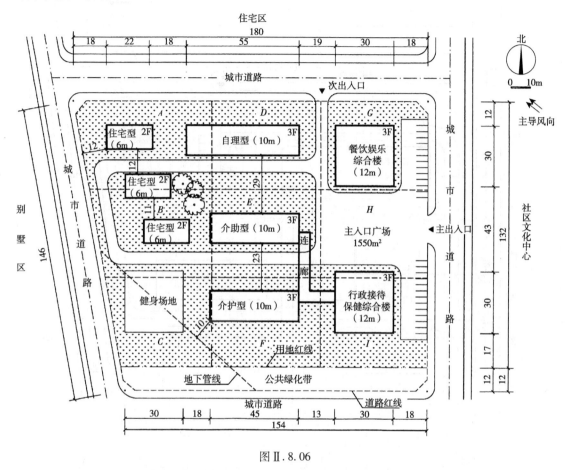

图Ⅱ.8.06

■ **场地综合设计试题Ⅱ.8.07**（同〈张清编作图题〉5.4.7）

【评析与链接】

1. 该答案的主要缺点是：连廊不应穿过手术楼，以免其变为"交通枢纽"。即连廊应贴门诊楼、手术楼和病房楼的山墙布置（如〈陈磊编指南〉的答案所示）。

2.〈陈磊编指南〉的答案见图Ⅱ.8.07-1。其设计条件有所变化：如用地及拟建建筑的平面尺寸稍异、科研区位于用地的西侧、花园尺寸未限定等。但总体布局除办公科研楼与门诊楼换位，以便接近科研区外，门诊楼、手术楼、医技楼和病房楼四者的相对位置未变，且连廊的位置也较合理。

3.〈任乃鑫编作图〉等三本辅导书的设计条件仅未标注科研区的位置（或位于用地的东侧），其他无变更，但答案均如图Ⅱ.8.07-2所示。其不足之处在于：建筑组合不够简洁，如调整为图Ⅱ.8.07-3的布局则更合理。

4.〈耿长孚编考题〉的设计条件图中未标注用地尺寸，但拟建建筑尺寸及其他要求未变。其答案与〈张清编作图题〉答案的最大区别是：将病房楼南移，以便将手术楼布置在

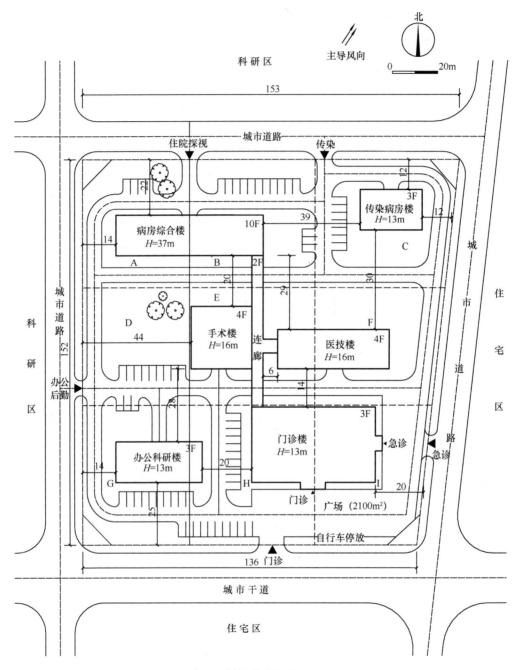

图 Ⅱ.8.07-1

其东北角，相应医技楼也西移，三者与门诊楼用连廊连接。其中手术楼一般均主要服务于病房楼（特别是外科病房），故距门诊楼较远也并非不可。

5. 综上可知，本题的"合格答案"众多，究其原因在于设计条件设置不足、过于宽松之故。以图Ⅱ.8.07-3所示的答案为例，如增加一些关键性的要求，则可保证该答案的唯一性。

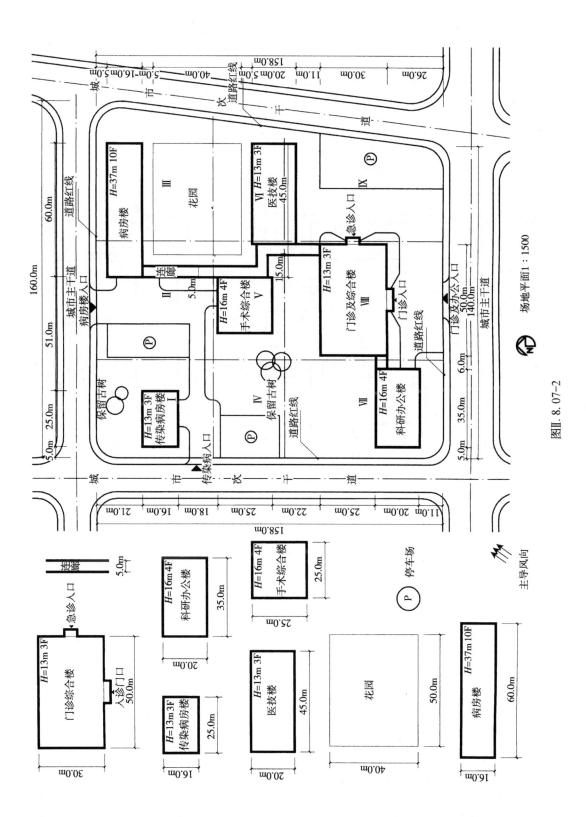

图Ⅱ.8.07-2

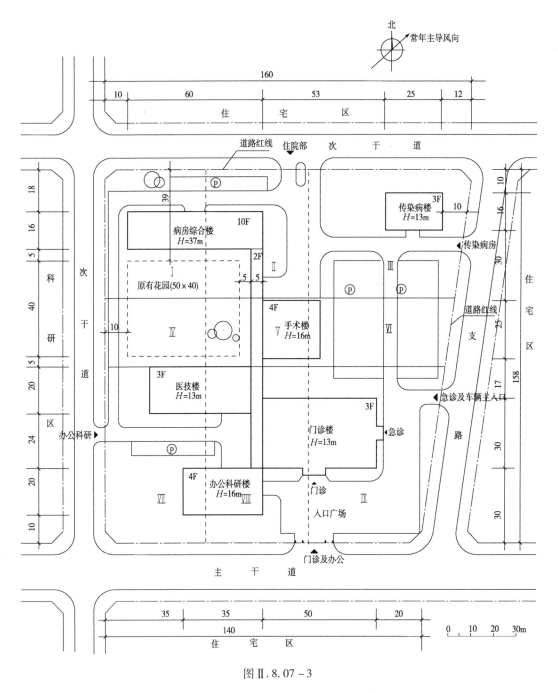

北 常年主导风向

住 宅 区

160
10 | 60 | 53 | 25 | 12

道路红线   住院部   次   干   道

病房综合楼
H=37m   10F

原有花园(50×40)

手术楼
H=16m   4F

医技楼
H=13m   3F

办公科研

门诊楼
H=13m   3F

办公科研楼
H=16m   4F

门诊

入口广场

传染病楼
H=13m   3F

传染病房

道路红线

支

急诊及车辆主入口

急诊

路

次

干

道

科

研

区

18
16
5
40
5
20
24
20
10

10

住 宅 区

10
16
30
25
17
30
30

158

门诊及办公

主   干   道

35 | 35 | 50 | 20
140

住 宅 区

0 10 20 30m

图Ⅱ.8.07-3

（1）将花园改为位于西侧中部应保留的已有绿地。则病房必然位于用地的西北角，南向面对花园以获得良好环境；北临城市道路可设专用出入口。随之，传染病房因主导风向为西南风，又不能位邻人流频繁、众多的城市干道和门诊楼，而只能布置在用地的东北角，距其他建筑≥30m，向东侧城市道路开设专用出入口。

（2）明确标注用地西侧隔城市道路为科研区。则办公科研楼为与其邻近，只能位于用地的西南角，向西设出入口便于二者联系，同时也可由主入口广场出入。随之，门诊楼则必须在其东侧沿城市干道布置。

（3）规定主要停车场（≥1500m²）应从东侧城市道路出入。则医技楼与手术楼不能换位，不然必造成停车场面积不足、距传染病房＜30m且手术楼距病房楼较远，联系不便。

■ 场地综合设计试题 Ⅱ.8.08（同〈张清编作图题〉5.4.8）

【评析与链接】

1. 其他辅导书本题给出的日照间距系数均为1.3，仅〈张清编作图题〉为1.1。导致其答案中的住宅间距，以及会所、景观住宅退道路红线的距离，均与相应的日照间距和规划限值偏离较大，失去了控制意义。因为本题的基本考核点是根据给定的日照间距系数，布置尽可能多的建筑面积。

如改按1.3计算，答案图中的相关数值应调整如下，则更为合理。

（1）下列住宅对北侧建筑的日照影响距离：

景观住宅为 14m×1.3＝18.2m；

A 型住宅为 27m×1.3＝29.9m；

B 型住宅为 18m×1.3＝23.4m；

C 型带底商住宅为（33m＋1m－4m）×1.3＝39m（因路北已建住宅也带4m高底商）。

（2）西侧建筑间距修改如后：

C 型带底商住宅退道路红线恰为 39m－24m－5m＝10m；

A 型住宅距 C 型带底商住宅由 30m 增至 30.8m（或仍为 30m）；

D 型景观住宅距 A 型住宅由 18m 增至 18.2m（或为 19m）；

D 型景观住宅退道路红线由 11m（原图未标注）减至 10m。

（3）东侧建筑间距修改后：

D 型景观住宅退道路红线由 13m（原图未标注）减至 10m；

B 型住宅距 D 型景观住宅由 18m 增至 18.2m；

C 型住宅距 B 型住宅由 21m 增至 23.4m；

会所距 C 型住宅由 20m 增至 25.4m（扩大内院）；

会所退道路红线由 10m 减至 5m（因其对路北已建住宅无日照遮挡，不必退 10m 与 C 型带底商住宅看齐）。

2. 〈耿长孚编考题〉此题给出的设计条件，除日照间距系数为 1.3 外，均无变化。但作者认为：根据设计程序，容积率是规划给定的指标，不应由业主或设计人自荐。且其值不能是"小于"或是"约"，而是"为"或"等于"。因此，作者首先根据给出的4个容积率可选值，反算出可能的4组建筑组合。结果只有（2A＋1B＋1C＋2D）住宅＋会所组合的容积率恰为 1.45，故视为正确答案，然后按照此组合完成总平面布置。而（1A＋1B＋2C＋2D）住宅＋会所的组合则因容积率 1.51666＜1.52，虽然数值极为近似且大于 1.45，但并不被视为更佳答案。

前已述及：本题的基本考核点是根据给定的日照间距系数，布置尽可能多的住宅建筑面积。要求计算容积率并回答选择题中的相应数值，目的在于通过电子判分，尽早筛除错误答案。如完全由人工判卷，则无须先计算容积率，也可判断何种住宅组合建筑面积最大。因此解题的过程仍应是先进行绘图，然后计算容积率和回答选择题即可。

由于用地面积和建筑面积的计算，只要是在允许的精度内，其实都是"四舍五入"的"近似值"。因此，容积率为1.51666时即可视为等于1.52，此值大于1.45，故更应视为正确的建筑组合答案。

在工程实践中，除城市的特殊地段为确保土地利用的经济效益和城市面貌，容积率不得低于规划值外，在一般地区，如业主愿意降低容积率，用以优化室外环境，规划部门也乐观其成。

3. 其他辅导书此题答案的建筑组合布局及容积率均与〈张清编作图题〉相同，但建筑间距为日照间距系数1.3调整后的数值。在设计条件中将"容积率≤2.0"改为"容积率最大"，以及要求布置的各型住宅均不得少于一栋。

■ **场地综合设计试题Ⅱ.8.09**（同〈张清编作图题〉5.4.9）

【评析与链接】

1. 〈陈磊编指南〉此题的设计条件变化较大：

（1）用地范围及拟建建筑和运动场地的尺寸有异、不要求布置连廊、古树北移；

（2）日照间距系数增至1.5；

（3）等高距变为1.0m，全部为坡地，用以考核坡度>10%处不得布置建筑物和运动场地。

但答案（图Ⅱ.8.09-1）的总体布局与〈张清编作图题〉仍基本相同。仅篮排球场地与风雨操场、综合楼与一栋教学楼换位，自行车棚东移。

2. 其他辅导书的答案多如图Ⅱ.8.09-2所示。其设计条件变化也较大，势必影响答案的布局：

（1）场地东西向变窄、南北向变长，故风雨操场和篮排球场地均可位于田径场地以南。

（2）宿舍、综合楼、实验楼加长，故教学区实为一栋连体建筑，与生活区之间无南北向主路，必然使瞬时的大量人流拥挤在连廊内，布局欠佳。

（3）根据《总图制图标准》的规定，图内的距离尺寸应以米为单位。南北向尺寸的标注也应反向才对。

3. 〈曹纬浚编作图〉此题的设计条件变化更大，主要是将用地的南北向尺寸加长和坡地范围加大、拟建建筑的平面尺寸和高度，以及运动场地的尺寸和数量均有差异。故其答案"与众不同"，但也缺点明显：

（1）学生食堂与宿舍三栋建筑沿北界自西向东一字排开，虽位于<10%的坡度区内，但与坡向呈45°夹角，土方工程量较大。

（2）风雨操场偏居用地西南角，用以围合主入口广场。距教学楼、宿舍和运动场地均较远，使用不便。

4. 〈研究组编作图〉的答案将风雨操场和篮排球场布置在东北角山丘的右下方，与东侧的运动场构成运动区；食堂和宿舍则位于西侧的北部形成生活区；用地的中部布置实验楼、教学楼和阶梯教室，与西侧南部的图书办公楼及入口广场组成教学区。功能分区明确、人流组织通畅，也不失为合格的解答。

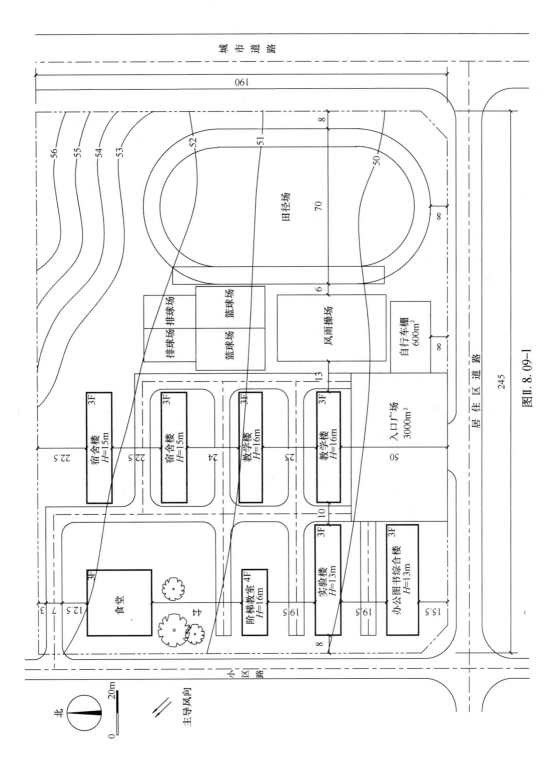

城 市 道 路

190

田径场

70

8

8

56 55 54 53 52 51 50

排球场 排球场 篮球场 篮球场

风雨操场

自行车棚
600m²

8

6

13

宿舍楼
3F
H=15m

宿舍楼
3F
H=15m

教学楼
3F
H=16m

教学楼
3F
H=16m

入口广场
3000m²

22.5 22.5 22 22

50

食堂
3F

阶梯教室 4F
H=16m

实验楼
3F
H=13m

办公图书综合楼
3F
H=13m

10

8

12.5 7 3

44

19.5 19.5 15.5

245

居 住 区 道 路

小 区 路

北

0 ____ 20m

主导风向

图Ⅱ.8.09-1

205

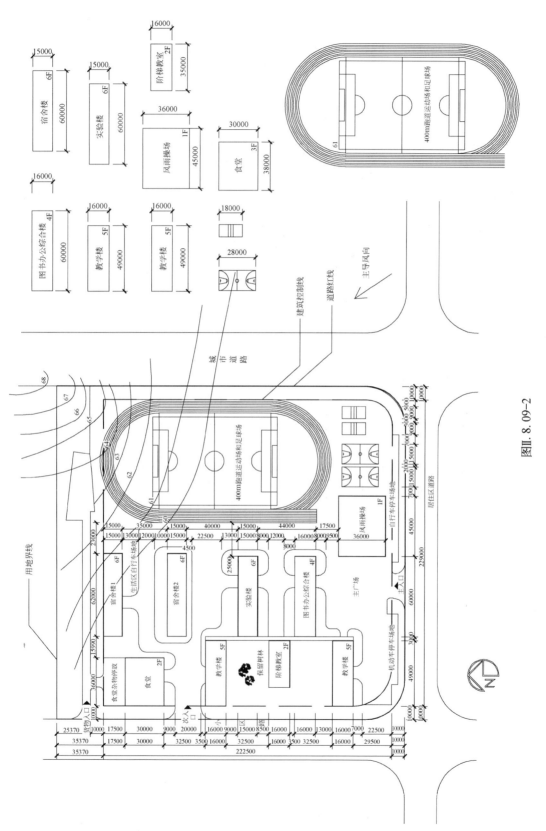

图Ⅲ.8.09-2

■ **场地综合设计试题Ⅱ.8.10**（同〈张清编作图题〉5.4.10）

【评析与链接】

1. 用地的东北部为生态保护区，但该答案对此考虑不足，例如：

（1）用地内的外环路网，在东北部应沿标高100.00等高线至东界后向南。沿东界向北通至别墅的道路应为设回车场的尽端路，以尽量避免破坏原有地貌。

（2）同理，最北边的两栋别墅应位于相对平坦的标高101.00至102.00等高线之间。该两栋别墅之间可设回车场地。

（3）主要作为消防车道的路段，其路宽可减至4m。此外，对于多层建筑只需有一个长边设有消防车道即可，故综合楼后东西向的道路宜移至楼前与广场相结合，则更加合理。

（4）调整后的答案如图Ⅱ.8.10所示。

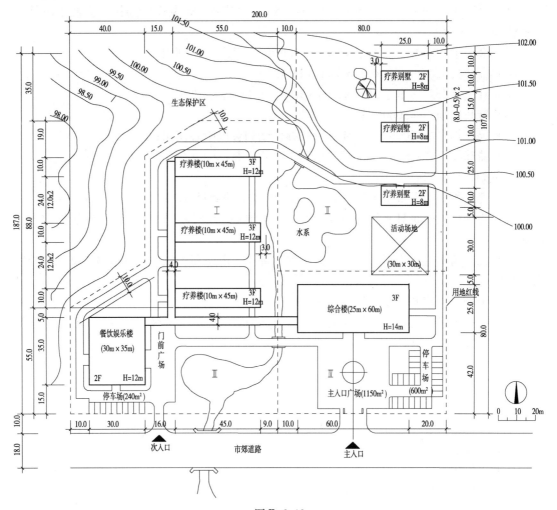

图Ⅱ.8.10

2. 其他辅导书答案的总体布局和路网均基本同图Ⅱ.8.10。其中〈陈磊编指南〉的答案，将三栋别墅集中在东北角坡地的上部，呈"一二"状布置，内院兼作回车场，但一栋别墅沿长边无消防车道，系美中不足。还有，其连廊贴建于三栋疗养楼的东山墙外，与使用频繁的餐厅娱乐楼联系不够直接。

■ 场地综合设计试题 Ⅱ.8.11

【试题】

一、设计条件

1. 某企业拟在已建厂区西侧扩建科研办公生活区，用地及周边环境如图Ⅱ.8.11-1所示。

2. 拟建建筑及专用场地如下：

（1）行政办公楼（9F）一栋：70m×18m×36m（长×宽×高，下同），系该区主体建筑，应与科研楼、会议中心等均有方便的联系；

（2）科研楼（5F）三栋：50m×15m×18m，底层用6m宽连廊连接。应便于对外和联系已建厂区；

（3）会议中心（2F）一栋：40m×40m×20m，兼顾对外使用；

（4）宿舍（6F）三栋：42m×12m×18m；

（5）食堂（2F）一栋：30m×30m×10m，并设后院一处；

（6）行政广场：≥5000m²；

（7）停车场：≥1800m²，主要供行政办公楼和会议中心使用；

（8）篮球场三个：3×（19m×32m），应集中布置。

3. 规划设计要求：

（1）建筑物应后退城市干道≥20m，后退城市支路≥15m，后退用地界线≥10m。

（2）当地居住建筑日照间距系数为1.5，科研楼建筑间距系数为1.0。建筑物均为正南北向布置。

（3）保留树木树冠投影范围内不得布置建筑物、道路和场地。沿城市道路交叉口处宜布置绿地。

（4）沿城市干道及支路开设主、次入口各一处。

（5）防火要求：已建厂房的火灾危险性分类为甲级，耐火等级为二级；拟建高层建筑的耐火等级为一级，拟建多层建筑的耐火等级为二级。

二、任务要求

1. 绘图要求

（1）布置拟建建筑，并标注相关尺寸和名称；

（2）布置三个专用场地和主要道路（单车道4m、双车道7m），以及主、次入口，并标注名称和面积。

2. 回答问题

（1）行政办公楼位于〔　　〕地块。

A. D　　　　　B. E　　　　　C. F　　　　　D. G

（2）科研楼位于〔　　〕地块。

A. A+D　　　B. D+G　　　C. C+F　　　D. F+I

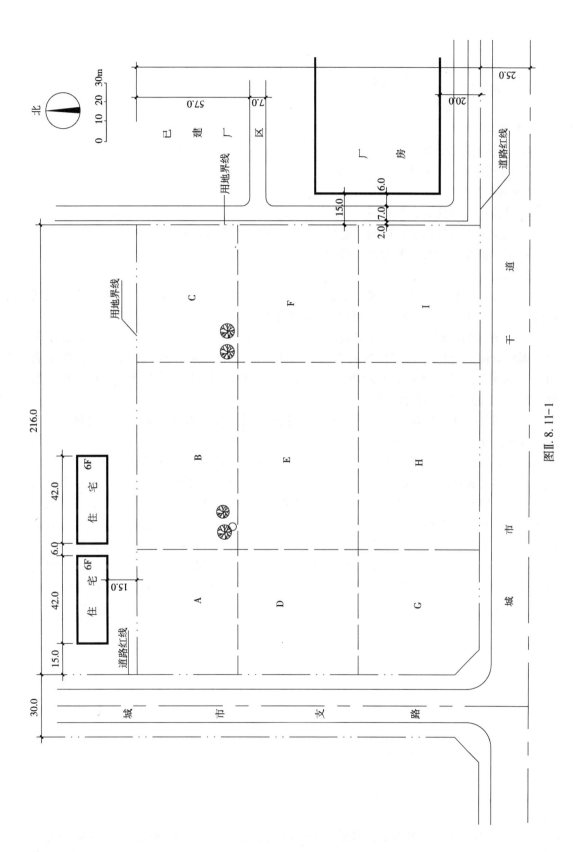

图Ⅱ.8.11-1

209

（3）宿舍位于 [   ] 地块。

A. A + D + G B. A + B + C C. A + B + D D. B + C + F

（4）食堂位于 [   ] 地块。

A. A   B. B   C. C   D. D

【答案】

1. 绘图答案见图Ⅱ.8.11－2。

2. 问题答案：（1）B   （2）D   （3）C   （4）B

【考核点】

1. 建筑物的功能组合与布局；

2. 人流与车流的组织：广场、道路、停车场和对外出入口的布置；

3. 日照间距、防火间距和古木保护。

【提示】

1. 根据用地现状及使用功能，业务区应居前部，南临城市干道直接对外。生活区居后部，便于内部联系，并可由西侧的城市支路出入。

2. 业务区的行政办公楼为主体建筑故应居中，其前辟行政广场，临城市干道设主入口；因科研楼同时应与已建厂区有方便的联系，故位于该区东侧。根据建筑间距系数（1.0）和建筑高度（18m），其间距也为18m；会议中心则应位于该区西侧，根据设计条件，其与交叉路口之间布置绿地。

三栋建筑的体量依次为小、大、较大，主次分明、高低错落，共呈围合之势面向干道，并融入交叉路口的城市空间。

3. 生活区内宿舍的平面尺寸恰与已建住宅匹配，故应位于该区西部，与已建住宅形成一体。根据日照间距系数（1.5）及其建筑高度（18m），间距为27m。同时，宿舍距行政办公楼＞54m（36m×1.5）、距会议中心＞30m（20m×1.5），均无日照遮挡；食堂则应位于该区中部，临近宿舍、行政办公楼和科研楼，使用方便；上述建筑围合成尺度宜人的内院，并可经西侧的次入口与城市支路联系；篮球场则位于该区的东北角，干扰最小。

4. 根据《建规》表3.4.1的规定，甲类厂房与民用建筑的防火间距均为25m。现科研楼与已建厂房的间距为15m＋10m＝25m，符合要求。其他处多层建筑的间距均≥6m，高层与多层建筑的间距均≥9m。

5. 停车场的位置为便于行政办公楼和会议中心使用，故位于会议中心的北侧，由主、次入口均可进出，但对相邻的宿舍干扰较大。

内部道路应根据车流量和消防规定，采用不同的宽度。其中高层的行政办公楼四周应设消防环路，其他多层建筑至少沿一个长边应设消防车道。

【评析】

1. 难度适中 ★★☆☆。

2. 根据经验，在建筑定位时，宜靠可建用地的外沿布置，尽量留出较大的内部空间，以利进一步布局。

3. 甲类厂房与民用建筑的防火间距（25m）不是建筑师应熟记的常用数据，考查此值无必要。

4. 由于设计条件设置不足，因而不能确保"正确答案"（图Ⅱ.8.11－2）的唯一性。

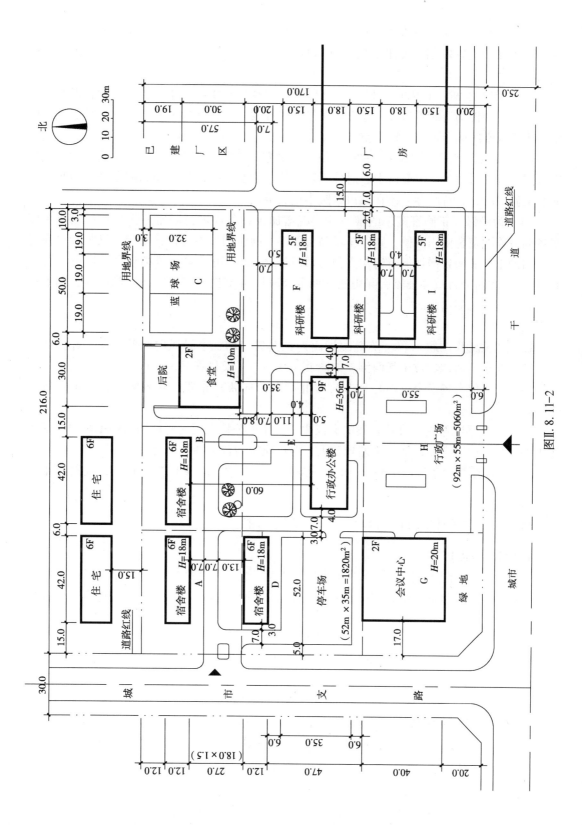

图Ⅱ.8.11-2

211

（1）及格答案一（图Ⅱ.8.11-3）：仅将食堂与篮球场换位，其他与"正确答案"无异。虽然食堂位置较偏，使用不便；篮球场居中，干扰较大；但从整体观之，仍属及格之列。

（2）及格答案二（图Ⅱ.8.11-4）：与"正确答案"相比，布局变化较大，但并无违规之处。宿舍楼均沿北界布置，远离停车场，干扰较小，与食堂关系尚可。只是篮球场居中，生活区空间围合较差，显得空旷。

（3）及格方案三（图8.4.4-5）：仅将及格方案二中的会议中心与停车场换位，生活区空间围合关系改善，但会议中心对外不够直接。沿交叉路口的绿地面积未减，行政广场向交叉路口敞开，行政办公楼在城市景观中更为突出。

（4）为确保"正确答案"的唯一性，应增加设计条件进行限定。例如：可以要求停车场同时兼顾宿舍使用方便，则停车场与会议中心换位则属不合设计要求。又如：可在现状图内的Ⅰ、Ⅱ两处增加保留树木（图Ⅱ.8.11-6），即可排除篮球场与食堂换位（图Ⅱ8.11-3）和占用行政办公楼后部用地（图Ⅱ.8.11-4和图Ⅱ.8.11-5）的可能，则上述及格答案均不可能出现。

【链接】

1.〈张清编作图题〉和〈陈磊编指南〉的解答，增加主导风向为西南向，并据此食堂位于东北角、篮球场位于其西侧，如图Ⅱ.8.11-3（及格答案一）所示。

后者还将停车场沿会议中心和办公楼北侧东西向狭长布置，并阻断南北通道，似有不妥。

2.〈耿长孚编考题〉推荐答案的会议中心位于办公楼之后，篮球场和停车场均布置在用地西南角，以利今后发展。虽差异较大，但仍应视为合格答案。

3. 其他辅导书的答案与本书"正确答案"（图Ⅱ.8.11-2）基本相同，仅路网布置有异。

■ 场地综合设计试题Ⅱ.8.12（同〈张清编作图题〉5.4.12）

【评析与链接】

1. 设计条件给出已建保护建筑的耐火等级为三级、拟建高层办公楼和多层档案馆的耐火等级分别为一级和二级，并以三者之间的防火间距（11m和7m）为考核点。但该规定值不在建筑师应熟记之列，故命题不够恰当。

2. 在给出的现状图中，已建住宅位于坡地5.00和6.00等高线之间，而答案图中研究中心的位置位于坡地3.00和4.00等高线之间，虽然邻近4.00等高线，但不能因此就判定二者的室外高差为5.00-4.00=1.00（m）。并以此值计算二者的日照间距应为（26m-1m）×1.5=37.5m。如考生对室外高差取值稍异，必导致失分。若将现状图中5.00等高线改为挡土墙，形成高差1m的台地，则可避免误解，命题更为准确。

3. 除〈耿长孚编考题〉将规划展览馆（含室外展场）与市民办公大厅换位外，其他应试教材的答案均同本书。

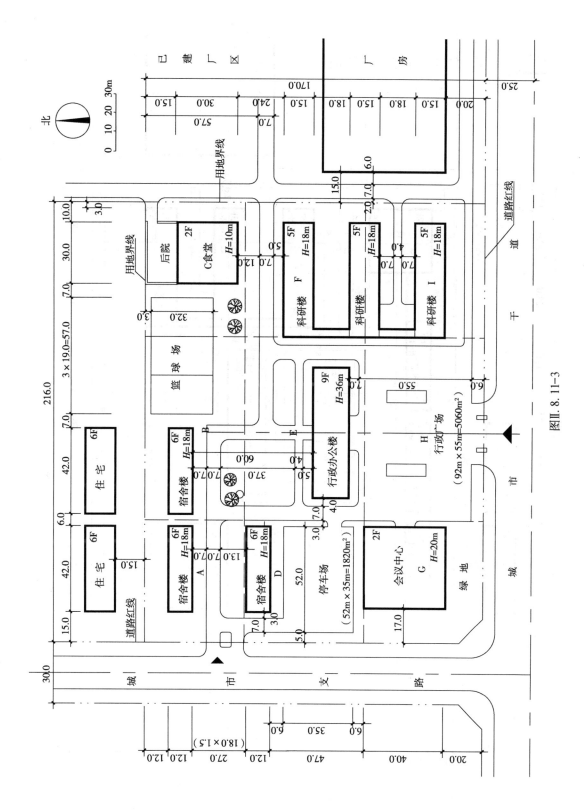

图Ⅱ.8.11-3

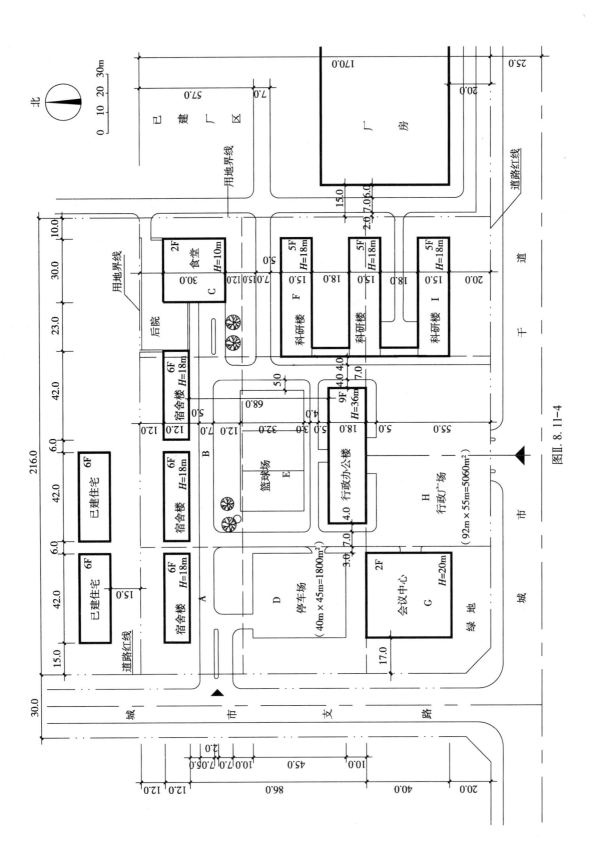

图Ⅱ.8.11-4

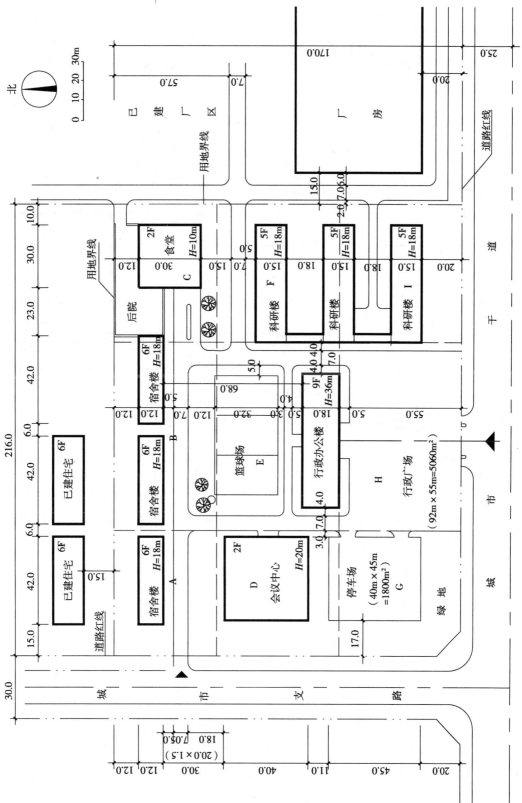

图II. 8. 11-5

215

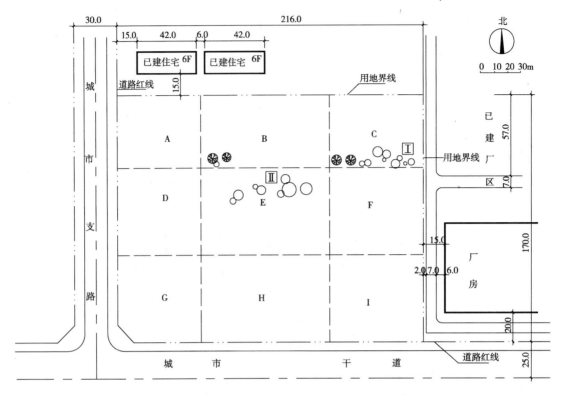

图Ⅱ.8.11－6

■ **场地综合设计试题Ⅱ.8.13**（同〈张清编作图题〉5.4.13）

【评析与链接】

1.〈张清编作图题〉答案中的连廊应调整为通长的直线型，病房楼、医技楼、门诊楼和科研办公楼均以山墙与其贴建，则更为合理。其他应试教材均如此布置，故完全可行。

2. 总体布局各书基本相同，其中科研办公楼位于南入口的答案各书均有。尚有两书也提供了该楼位于北入口的答案。

■ **场地综合设计试题Ⅱ.8.14**（同〈张清编作图题〉5.4.14）

【评析与链接】

该题的答案各书基本相同，仅局部处理有异，现分述如下：

1. 除〈张清编作图题〉外，其他辅导书均将东侧的五栋建筑距地界10m布置。不仅序列规整，而且可使场地的北出入口与路北厂区大门对位，交通和街景更为和谐顺畅。

2.〈耿长孚编考题〉的答案将停车场与观众服务楼换位，并沿湖滨路开设车辆专用出入口，人车分流更加分明。

3.〈任乃鑫编作图〉和〈陈磊编指南〉的答案均环水面布置消防车道，且未通至三栋工艺师工作室的长边。而〈张清编作图题〉的答案为沿用地界线的内侧布置环路，临水面为步行道，显然更为合理。

■ **场地综合设计试题 Ⅱ.8.17**（同〈张清编作图题〉5.4.15）

【评析与链接】

1. 〈张清编作图题〉的答案有以下不足：

（1）根据设计条件，餐厅与保留建筑（改为厨房），以及居住楼（介助、介护）与综合楼之间联系密切，故宜布置宽4m的连廊（但表达不明确，连廊轮廓应为粗实线）。

（2）设计条件图5.4.15（a）中，保留建筑宜标注其长度为40m（恰与综合楼同宽），距东侧用地红线43m，以方便绘图。

另外，用地总宽度虽209.75m宜改为210.0m，以利计算。

（3）答案图中建筑定位不全，特别是居住楼（自理）之间应标注30m（最小日照间距）。停车场内停车带宽度可以不必标注，现为5.8m和6.2m反而失误。

2. 〈曹伟浚编作图〉和〈陈磊编指南〉编有本题，其答案如图Ⅱ.8.17所示。答案与〈张清编作图题〉基本相同，且无上述失误（但连廊宜通至综合楼）。

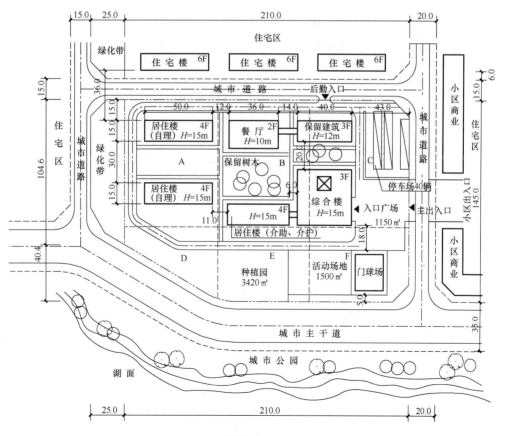

图Ⅱ.8.17

■ 场地综合设计试题 Ⅱ.8.18（同〈张清编作图题〉5.4.16）

【链接】

1. 在〈陈磊编指南〉的答案中，体育馆与教学楼的间距应≥23.8m，现为20m，故日照间距不足。

2.〈曹伟浚编作图〉的答案同本书。〈耿长孚编考题〉无此题。

8.3 试题分类索引

场地综合设计（含场地布置）试题分类索引　　　　　　　　表Ⅱ.8.3

试题分类		题　号
医养建筑	医院	Ⅱ.8.07（5.4.7）、Ⅱ.8.13（5.4.13） 场地布置Ⅱ.9.98
	疗养院	Ⅱ.8.94、Ⅱ.8.96、Ⅱ.8.06（5.4.6）、Ⅱ.8.10（5.4.10）、Ⅱ.8.17（5.4.15）
文体建筑	学校	Ⅱ.8.03（5.4.3）、Ⅱ.8.09（5.4.9）、Ⅱ8.18（5.4.16） 场地布置Ⅱ.9.00
	体育馆	Ⅱ.8.05（5.4.5）
	游乐园	Ⅱ.8.97
	纪念建筑	Ⅱ.8.98
	博物馆	Ⅱ.8.00 场地布置Ⅱ.9.96
	展览馆	Ⅱ.8.04（5.4.4）、Ⅱ.8.14（5.4.14） 场地布置Ⅱ.9.01（5.4.1）
综合建筑	商业综合楼	Ⅱ.8.99
	电视中心	Ⅱ.8.01（5.4.2）
	厂前区	Ⅱ.8.11（5.4.11）
	行政中心	Ⅱ.8.12（5.4.12）
	居住建筑	Ⅱ.8.08（5.4.8）

第9章 场 地 布 置

场地布置试题属于单项题，仅要求根据给定的用地范围和条件，划分拟建的功能区域或布置建筑物，而不必表达其他场地设计的内容。此项显然也正是场地综合设计试题的首要考核点，为减少题量，自2003年已被取消，其考查内容并入场地综合设计试题内。故本章也仅为2003年以前的试题。

场地布置试题各书解答对照（2003年以前）   表Ⅱ.9.1

书名	简称	本书 （第Ⅱ篇）	耿长孚 编考题	曹纬浚 编作图	陈磊 编指南	注册网 编作图	注册网 编题解	任乃鑫 编作图	研究组 编作图	张清编 作图题
	代号	⑨	①	②	③	④	⑤	⑥	⑦	⑧
年份及 题号	1994年	未考此类题								
	1995年	停考								
	1996年	Ⅱ.9.96	—			—				
	1997年	暂缺								
	1998年	Ⅱ.9.98	V	V.		V				
	1999年	未考此类题								
	2000年	Ⅱ.9.00	V	—	—	—				—
	2001年	Ⅱ.9.01	V		V.		V			X
	2002年	停考								
说明		试题、答案、评析、链接	其他辅导书的同题解答：—无此题　V相同　X稍异　XX不同（X和XX者在本书的链接中阐述）·新版删除此题							

■ 场地布置试题 Ⅱ.9.96

一、设计条件

1. 在游览区内的寺院与遗址公园之间有"L"形空地一处（图Ⅱ.9.96–1），拟在其内建设宾馆、博物馆、茶餐厅、导游亭等四栋建筑（图Ⅱ.9.96–2）。

2. 规划允许建筑压道路红线布置，但均应距遗址公园围墙≥10m。

二、任务要求

1. 新建筑的布置应考虑与现有古建遗存的平面对位及空间组合的关系，并应功能合理、人流顺畅。

2. 仅画建筑定位，不必画新建的道路、广场、绿地等。

三、评析与链接

1. 答案如图Ⅱ.9.96–3所示。

2. 根据博物馆、茶餐厅、宾馆三栋主要建筑的层数依次为1、2、4层的特点，首先确定三者应由西向东次第升高，并在雕像四周布置广场的基本格局。以弱化新建筑对寺院，

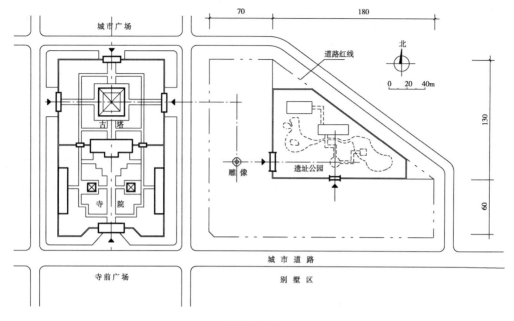

图Ⅱ.9.96-1

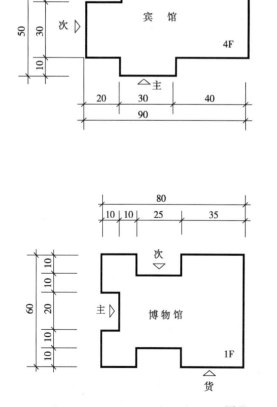

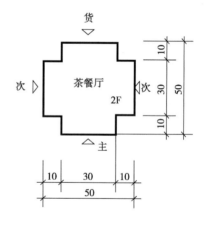

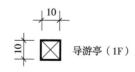

注: 1. △表示建筑出入口
2. 平面可转动

图Ⅱ.9.96-2

特别是对古塔的压迫感，形成向心的融合空间，延续古迹的主导地位。据此可知宾馆应位于用地的东端。

3. 从功能特点分析，博物馆与寺院的文化内涵相通，且高度最低，故应位于用地最北端。其次入口与古塔东西轴线上的东门对位，主入口则朝南口面向广场，形成连续的参观路线。

茶餐厅自然应位于广场东侧，沿城市道路与宾馆相邻，可迎接各方来客。

4. 导游亭则应位于广场西南角，据守路口，占尽地利。

5. 其他应试教材均无此题。

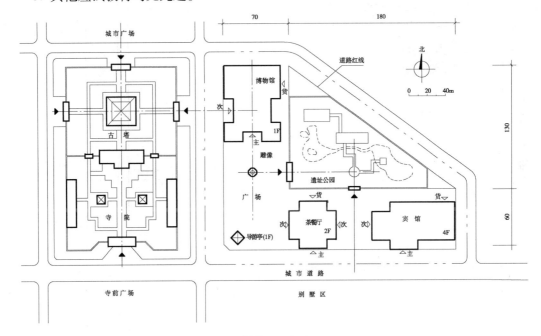

图Ⅱ.9.96-3

■ **场地布置试题Ⅱ.9.98**

一、设计条件

1. 某医院用地现状及拟建筑的单体平面见图Ⅱ.9.98-1。

2. 用地中古树应保留，建筑单体平面和朝向不得改变，但连廊的长短和方向可根据需要设置。

二、任务要求

1. 布置拟建的建筑物，不需画道路、广场和绿地，仅标示停车场的位置。

2. 在拟建的建筑物旁，标注门诊、急诊、出入院和探视人流，以及供应、污物（含尸体）流线。

3. 标示医院主要人流和车流出入口。

三、评析与链接

由于用地南侧为已建的医院生活区，北侧为小河且无城市道路，因此医院就诊人流和

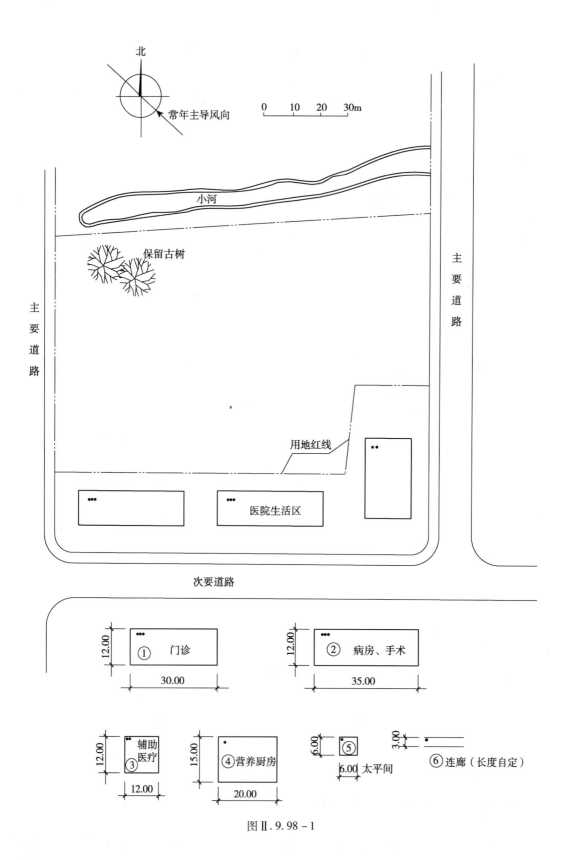

北

常年主导风向

0　10　20　30m

小河

保留古树

主要道路

主要道路

用地红线

医院生活区

次要道路

12.00

① 门诊

30.00

12.00

② 病房、手术

35.00

12.00

③ 辅助医疗

12.00

15.00

④营养厨房

20.00

6.00

⑤

6.00　太平间

3.00

⑥ 连廊（长度自定）

图Ⅱ.9.98－1

车流的出入口只能在东侧或西侧的城市道路上。此点也即首先决定了门诊楼的位置，其他建筑则可随之定位，故可形成如下两个答案：

1. 东入口答案见图Ⅱ.9.98-2，摘自〈耿长孚编考题〉一书。该布局的最大优点是：就诊人流和车流出入在东侧，而供应、污物（含尸体）物流均在西侧，二者绝对隔绝。太平间与营养厨房均居下风向，太平间位置隐蔽，距病房手术、门诊及污物出口均短捷。辅助医疗位于门诊与病房手术之间，服务方便。仅急诊人流宜移至门诊楼东端，以避免与大量门诊人流的交叉。但就总体而论，仍不失为优秀答案。

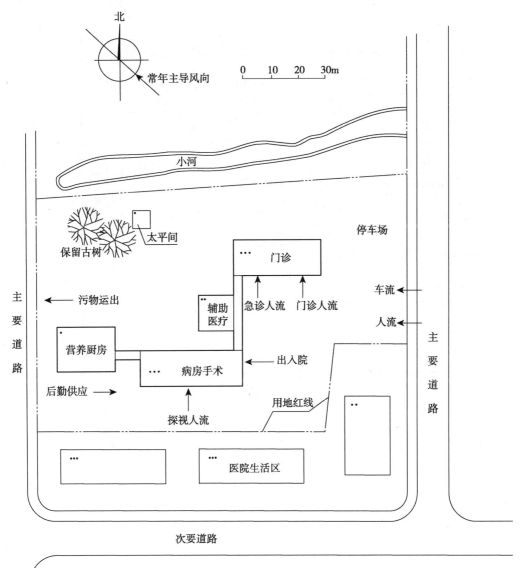

图Ⅱ.9.98-2

2. 西入口答案见图Ⅱ.9.98-3。与东入口答案相比，本方案的建筑组合显得不够舒展，辅助医疗位置较偏。太平间位置较暴露，距门诊较远且迂回，难免交叉。如将其与营养厨房换位，虽然依旧均位于下风向，但太平间将与就诊人流同侧，更不理想。尤其是就诊人流及车流与供应物流同侧，不如东入口答案理想，故仅能视为及格答案。

3. 综上所述，可知应指定医院主出入口的位置，才能保证答案的唯一性。

4. 其他应试教材此题的答案均同本书的图Ⅱ.9.98-2。

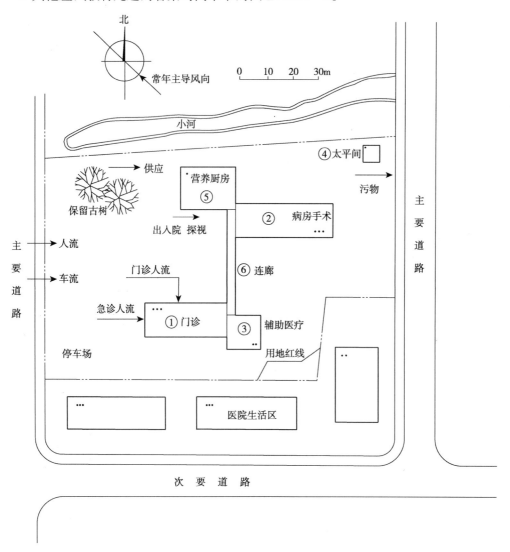

图Ⅱ.9.98-3（及格方案）

■ 场地布置试题Ⅱ.9.00

【试题】

一、设计条件

1. 某中学扩建，场地平面如图Ⅱ.9.00-1所示。

224

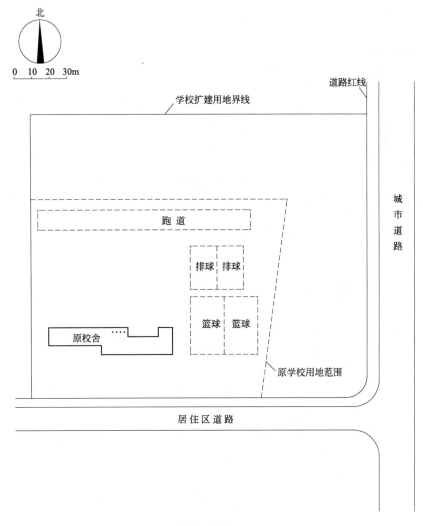

图Ⅱ.9.00-1

2. 扩建工程包括：

（1）教学楼两栋（每栋 10m×35m，四层）。

（2）风雨操场兼礼堂一栋（24m×36m，一层）。

（3）田径运动场一个（占地 54.5m×129m）。

（4）篮球场四个（每个占地 19m×32m）。

（5）排球场四个（每个占地 15m×24m）。

（6）种植实验园地一处（占地 32m×32m）。

3. 原有校舍应保留，原有运动场地可根据需要拆除或保留。

4. 建筑物间可根据需要设置连廊。

二、任务要求

1. 根据上述条件和《中小学校建筑设计规范》的有关规定进行场地布置。不画道路、广场、绿化，运动场地仅画出占地界线即可。

2 建筑及运动场地的平面形状及尺寸不得变动，但可以旋转。

3. 标注建筑物和专用场地的名称。

【答案与提示】

1. 正确答案如图Ⅱ.9.00－2所示。

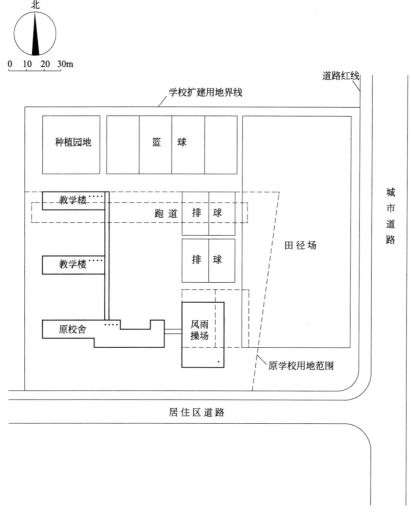

图Ⅱ.9.00－2

2. 首先根据田径运动场长轴应为南北方向的规定，以及远离教学区的原则，将其沿东侧城市道路布置。

3. 再根据教室长边相对，以及长边距运动场地边界均应≥25m的规定。将两栋教学楼和种植实验园地，沿用地西界平行原校舍由南向北依次布置，以形成安静的教学环境。

4. 风雨操场则位于原校舍的东南，二者围合出校前广场。同时用连廊将四栋建筑连为完整的教学区。

5. 原排球场保留，并向北再扩建两个。四个篮球场则在种植实验园地以东，沿用地北界布置。从而使三个相邻的运动场地和风雨操场构成完整的运动区。

【链接】

仅〈耿长孚编考题〉有此题，并与本书同，且提供了一个不及格答案。其主要问题在于：

1. 为利用原有运动跑道，不惜将田径运动场的长轴呈东西方向沿用地北界布置，违反相关规定。且将四个篮球场均布置在原校舍的后面。

2. 又将两栋教学楼布置在原校舍东侧（原篮球、排球场地处），导致教学区被运动场地和居住区道路环抱，环境太差。

■ 场地布置试题 II.9.01

一、设计条件

1. 某城市拟在某名人故居西侧修建艺术馆一座，用地北侧有一古塔，南侧为湖滨公园，如图 II.9.01－1 所示。

2. 规划及设计要求：沿用地界线 5m 以内不得布置建筑物和展场；沿湖岸 A、B 两点间观看古塔无遮挡；应满足艺术馆和名人故居 2 个景点连续参观的要求；结合环境留出不小于 900m² 供观众休息的集中绿地。

3. 艺术馆拟建项目的名称、层数、平面形状及尺寸（可旋转）详见图 II.9.01－1。

二、任务要求

画出场地布置图，标明项目名称、场地主入口和集中绿地，不必画道路、广场。

三、评析与链接

1. 正确答案见图 II.9.01－2。如将库房、研究所与陈列厅换位布置，以及将茶室下移至小桥正对。则很难及格，主要有两点失误：

（1）新建的艺术馆未能与东侧已有的自然环境及名人故居融为一体，以便形成连续的空间组合及参观流线。

（2）艺术馆自身的建筑组合，也因库房、研究所和停车场居中，而将陈列厅与室外展场割裂，导致功能分区混杂，参观路线不畅。

2.〈张清编作图题〉5.4.1 的答案，有如下不足，故不够理想。

（1）研究所与陈列厅和库房未形成整体，茶室距陈列厅太近，建筑缺乏整合、梳理。

（2）拟建部分与已建名人故居在平面布局，以及参观流线上无明确的对应和联系。

3. 其他应试教材的此题均同本书。

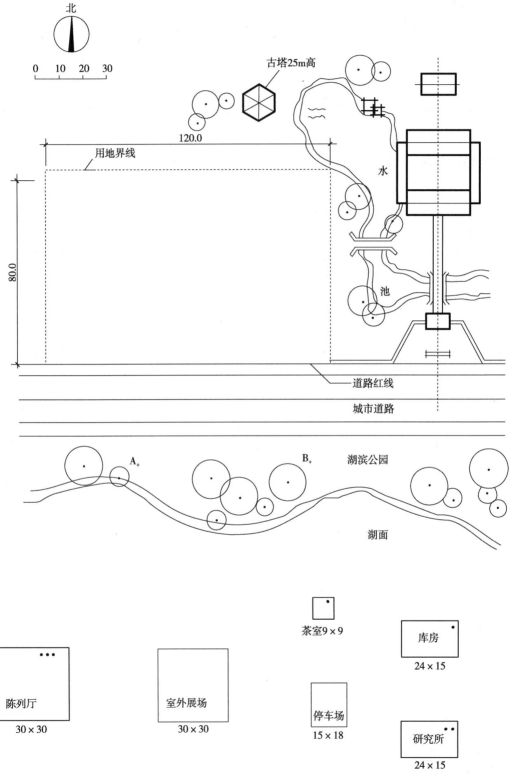

北

0 10 20 30

古塔25m高

120.0

用地界线

水

80.0

池

道路红线

城市道路

A₊

B₊

湖滨公园

湖面

茶室9×9

库房
24×15

陈列厅
30×30

室外展场
30×30

停车场
15×18

研究所
24×15

图Ⅱ.9.01-1

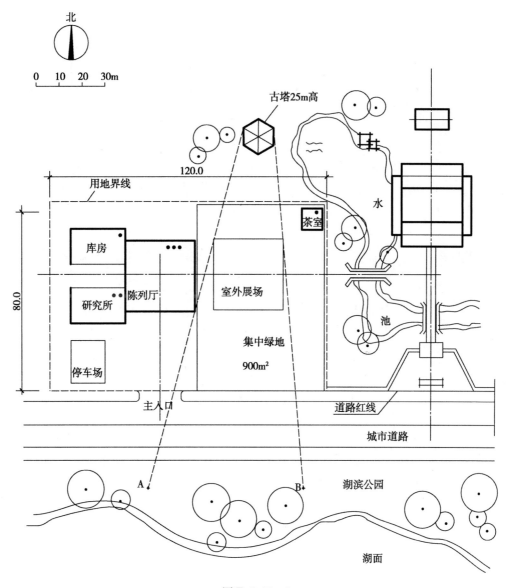

北

0 10 20 30m

古塔25m高

120.0

用地界线

80.0

库房

研究所 | 陈列厅

停车场

室外展场

集中绿地
900m²

茶室

水

池

主入口

道路红线

城市道路

A

B

湖滨公园

湖面

图Ⅱ.9.01-2

附录篇

通用解题模式

附录一

简化截面法求护坡转角线（面）的顶（脚）点

一、概述

当设计场地的边缘与自然地面出现高差时，应用修坡（调整自然地面等高线）、护坡或挡土墙等工程措施进行处理。从历年的场地地形作图题观之，对护坡类的试题多感困难。特别是要求绘制护坡范围线（也即护坡与自然地面的交线和填挖方的零线）时，需用截面法求出护坡转角线（或转角面）的顶点（或脚点）——护坡转角处以护坡面交线转折者称转角线、以圆锥面过渡者称转角面；挖方护坡者需求顶点、填方护坡者需求脚点。由于截面法绘图较为复杂，以致考生难以在限时内完成解答。

1. 护坡范围线在非转角处的求法比较简单：先画护坡等高线，并标出与同名自然地面等高线的交点（如附图 1-3 ~ 附图 1-12 中的 1、3、5……和 2、4、6……点）然后顺序连接诸点即得之。

2. 护坡范围线在转角处的绘制，关键在于求得该处护坡转角线（面）的顶（脚）点。

（1）如前所述，护坡转角处有两种工程做法：以护坡交线转折者称转角线、以圆锥面过渡者称转角面。其几何关系如附图 1-1 所示。从图中可明确三点：

其一，1/4 圆锥体（$A - OA_2A_1A_3$）小于 1/4 方锥体（$A - OA_2A_4A_3$）的体积；

其二，$\angle A A_1 O = \angle A A_2 O = \angle A A_3 O$，即转角面上的护坡坡度仍与非转角处相同；

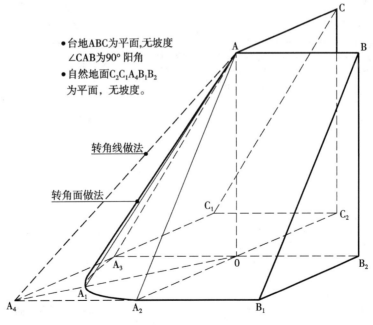

- 台地ABC为平面，无坡度
  ∠CAB为90°阳角
- 自然地面$C_2C_1A_4B_1B_2$
  为平面，无坡度。

转角线做法

转角面做法

附图 1-1

其三，∠A A₄O 小于∠A A₁O，即转角线的坡度＜护坡坡度。

故转角线做法比转角面做法的占地范围大，且当自然地面有坡度时其顶（脚）点的高度也较大。

综上可知，转角面做法除砌筑较复杂外，其护坡的工程量、占地范围和高度均小于转角线做法，故在大型护坡工程中采用较多。但转角面做法用于台地的阳角处才较转角线做法经济，用于台地阴角处时则相反（附图 1-7～附图 1-9）。

（2）护坡转角线的绘制较为简单，将台地转角两侧的护坡等高线延长，连接其交点即得。对于护坡转角面的等高线表达则如附图 1-2 所示，由于坡度未变，故圆锥面上的护坡等高线是以台地角点为圆心的同心圆，其间距与非转角处的护坡等高线间距相同。曲线

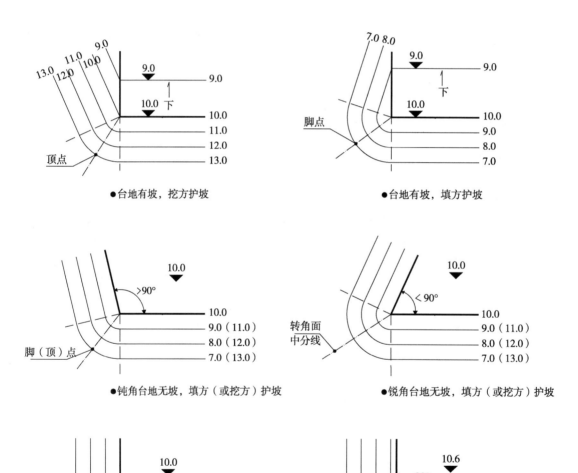

附图 1-2　台地阳角处护坡转角面的等高线表达

段的两端应与同名护坡等高线的直线段相切连接。另外，还应画出转角面的中分线，以便在其上求得转角面的顶（脚）点。

3. 附图 1 – 3a 和附图 1 – 3b 分别表示转角线和转角面两种工程做法，如何求得其顶（脚）点。常规的截面法如两图中的左侧所示：首先要画护坡转角线（或转角面中分线）处的截面图，可得护坡转角截面线与自然地面截面线的交点（O′），再将其投影到平面图中的护坡转角线（或转角面中分线）上，即可得顶（脚）点 O，连接 O1 和 O2 则可围合成完整的护坡范围线。

4. 如果仔细观察，就会发现，其实可以将截面图中的"交点区"移至平面图上（如附图 1 – 3 中影线部分所示），并将护坡转角线（或转角面中分线）兼作低值等高线，直接在其上绘制自然地面截面线和护坡转角截面线，再将二者的交点投影至护坡转角线（或转角面中分线）上，即得护坡转角线（或转角面）的顶（脚）点。此法与截面法的原理相同，仅为简化了作图，故称其为"简化截面法"。

二、简化截面法求解的基本步骤

简化截面法的基本步骤可总结为：
- "交点区"的平面定位；
- 绘出护坡转角线（或转角面中分线）；
- 绘制自然地面截面线；

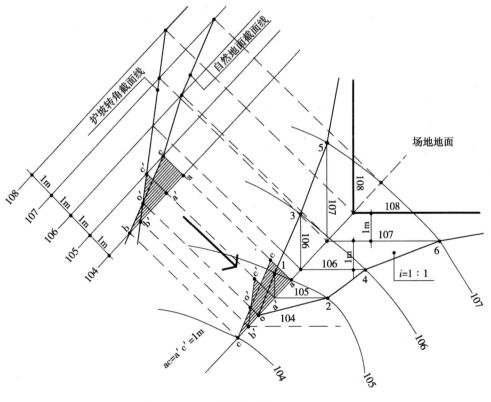

附图 1 – 3a

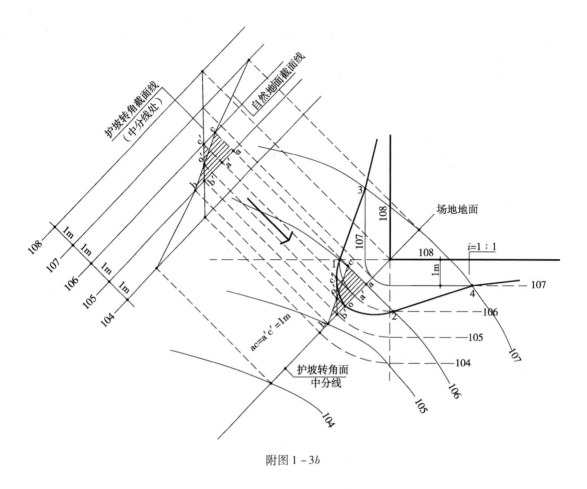

附图 1-3b

● 绘制护坡转角截面线；

● 将两截面线的交点投影到护坡转角线上（或转角面中分线）上，即得转角线（或转角面）的顶（脚）点。

以下根据护坡转角线与自然地面等高线的平面关系，分别叙述不同的解法。至于护坡转角面的相应解法与其相同，故不再重述，仅在附图中分别表示，即可对照解读。

1. 护坡转角线与"交点区"内的两条自然等高线均相交（见附图 1-4a，护坡转角面者则为附图 1-4b。以下附图均同，故索引图号不再分 a 和 b）。

（1）"交点区"的定位：在完成非转角处的护坡范围线后，"交点区"在平面图中护坡转角线上的位置也随之明确。

（2）绘制自然地面截面线：标出护坡转角线与"交点区"两条自然地面等高线的交点（高者为 a，低者为 b）。在 a 点作护坡转角线的垂线，并截取 1 个等高距可得 c 点，连接 bc 即得自然地面截面线。

（3）绘制护坡转角截面线：在护坡转角线上标出与上述两条自然地面等高线同名的护坡等高线点（高者为 a'，低者为 b'）。在 a' 点作护坡转角线的垂线，并截取 1 个等高距可得 c' 点，连接 b'c' 即得护坡转角截面线。

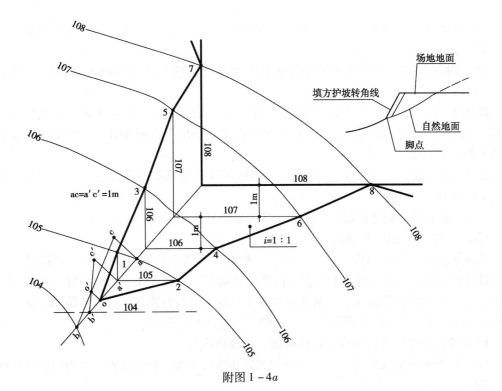

附图 1-4a

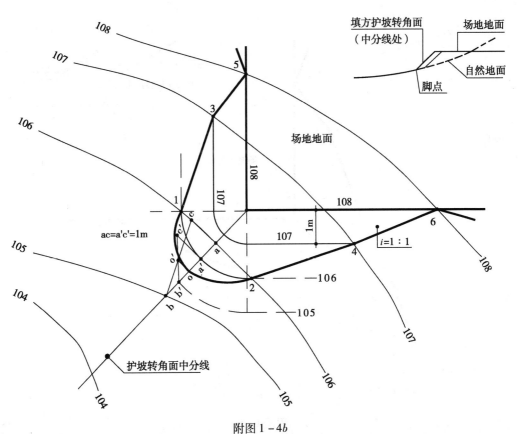

附图 1-4b

（4）标出两截面线的交点 o′，并向护坡转角线作垂线，其垂足点 o 即为护坡转角线的顶（脚）点。

（5）附图 1 – 4 ~ 附图 1 – 6 为场地平面阳角处，挖方和填方护坡转角线（面）顶（脚）点的解法示例。

附图 1 – 7、附图 1 – 8 和附图 1 – 9 则为场地平面阴角处，挖方和填方护坡转角线顶（脚）点的解法示例。如前所述，护坡转角面做法在场地平面阴角处，比转角线做法并不经济和简单，故多不采用。

2. 护坡转角线与"交点区"的两条自然地面等高线只有 1 个交点或另 1 个交点极远（附图 1 – 10）。

（1）"交点区"的平面定位：同前，且更显而易见。

（2）绘制自然地面截面线：

先在无交点（或交点极远）的一侧，在护坡转角线上任取一点（b1）根据其在等高线间距中的距离比，求出该点与低值等高线的标高差，并在垂线上相应量取，可得 b2 点。再看交点 a 如在高值等高线上，则在其垂线上量取 1 个等高距得 c 点，连接 b2c 即为自然地面截面线；如 a 点位于低值等高线上，则直接连接 b2a 即得。

（3）绘制护坡转角截面线：作图同前，可得该线 b′c′。

（4）标出两截面线的交点 o′，并向护坡转角线作垂线，其垂足点 o 即为护坡转角线的顶（脚）点。

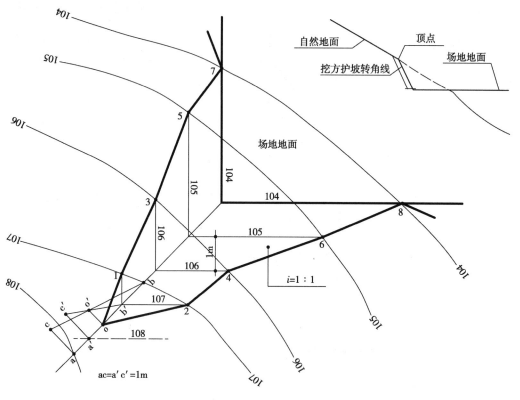

附图 1 – 5a

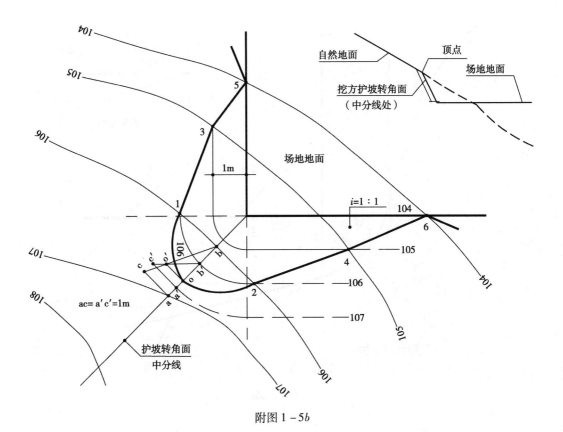

自然地面
顶点
场地地面
挖方护坡转角面
（中分线处）
场地地面
1m
i=1:1
104
6
106
105
4
106
2
107
108
ac=a'c'=1m
护坡转角面
中分线
104
105
106
107
c
c'
o'
b
b'
o
a
a'
1
3
5

附图 1-5b

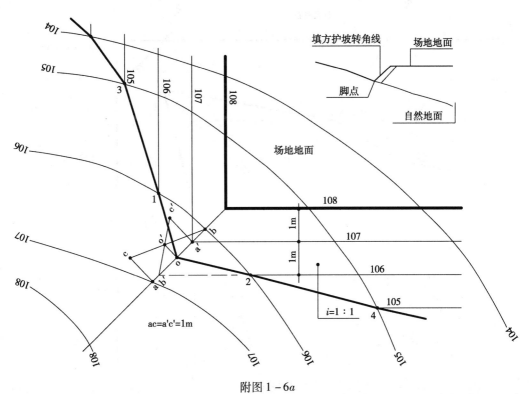

填方护坡转角线
场地地面
脚点
自然地面
场地地面
108
108
107
106
105
104
1m
1m
i=1:1
104
105
106
107
108
3
1
c
c'
o'
b
a'
o
a'
b'
2
4
ac=a'c'=1m

附图 1-6a

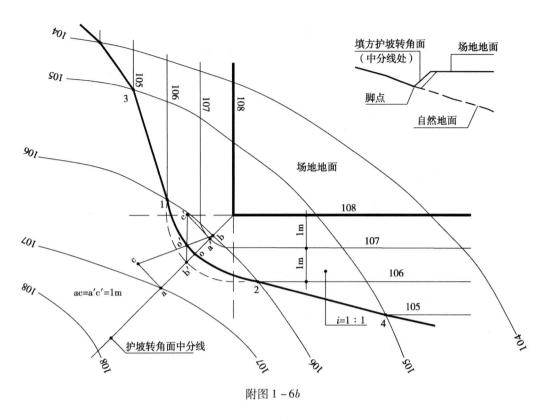

附图 1-6b

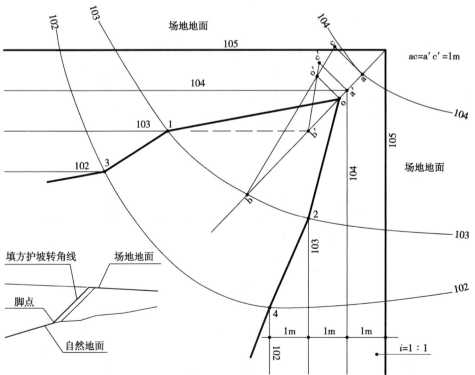

附图 1-7

240

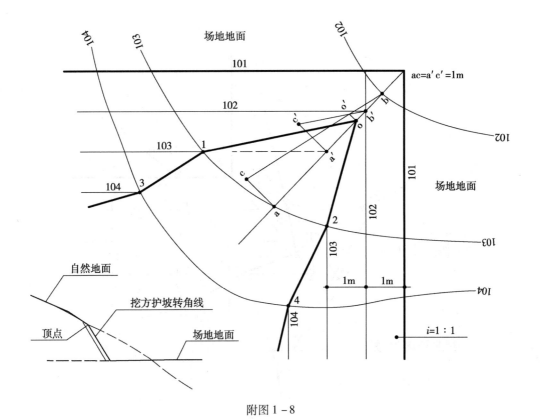

附图 1－8

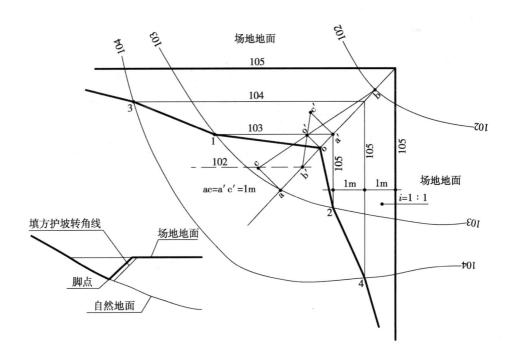

附图 1－9

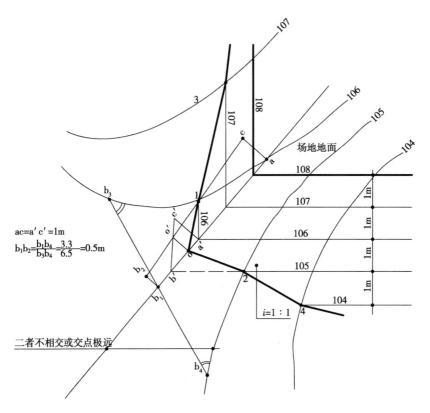

$ac = a'c' = 1m$

$b_1b_2 = \dfrac{b_1b_4}{b_3b_4} = \dfrac{3.3}{6.5} = 0.5m$

二者不相交或交点极远

附图 1 - 10a

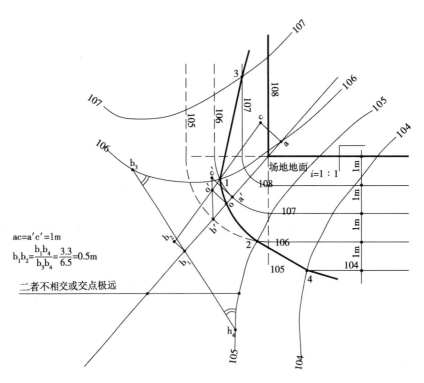

$ac = a'c' = 1m$

$b_1b_2 = \dfrac{b_1b_4}{b_3b_4} = \dfrac{3.3}{6.5} = 0.5m$

二者不相交或交点极远

附图 1 - 10b

（5）有时也可以用绘制附加等高线的方法，将条件转换为护坡转角线与"交点区"的自然地面等高线有 2 个交点，解法仍可不变（附图 1 - 11）。应注意的是：量取 b_1b_2 的高度时，应为附加等高线与原等高线间的等高距。

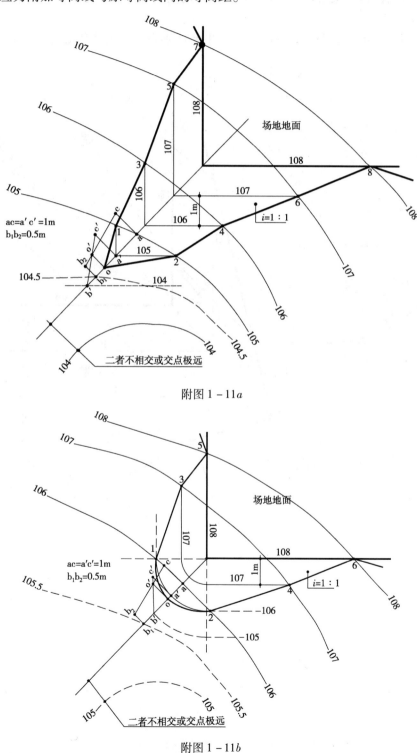

附图 1 - 11a

附图 1 - 11b

3. 如出现护坡转角线与"交点区"的两条自然地面等高线均无交点或交点极远时（附图 1-12），可在护坡转角线上任取两点（a_1 和 b_1），分别用前述之方法求得 a_2 和 b_2，连接 $a_2 b_2$ 即得自然地面截面线。护坡转角截面线的绘制也同前，随之护坡转角的顶（脚）点也即可得。

4. 综上所述，可以看出三种不同解法的主要区别在于如何求得自然地截面线，其他步骤并无不同。

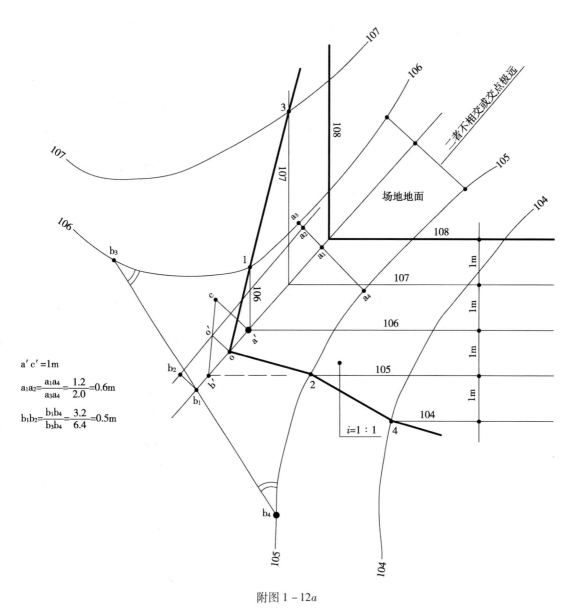

附图 1-12a

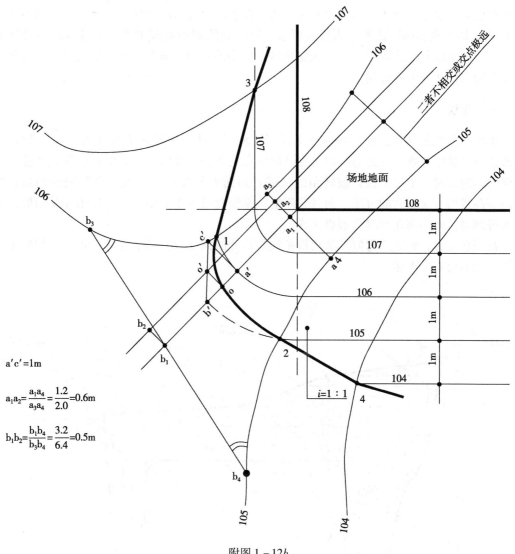

$a'c'=1m$

$a_1a_2=\dfrac{a_1a_4}{a_3a_4}=\dfrac{1.2}{2.0}=0.6m$

$b_1b_2=\dfrac{b_1b_4}{b_3b_4}=\dfrac{3.2}{6.4}=0.5m$

附图 1 – 12b

三、护坡转角线（面）顶（脚）点的近似求法

由于考试时间有限，必要时可在确定"交点区"后，在护坡转角线（或转角面中分线）上，直接取该区上下两条护坡等高线的中点作为顶（脚）点。虽为近似位置，但解答基本完整，无概念性错误，失分不多。

或者，仅在护坡转角线（或转角面中分线）与自然地面等高线无交点或交点在图外时，用此点求得顶（脚）点的近似位置，其答案则更趋完整。

四、例题（附图 1 – 13 ～ 附图 1 – 18）

试作下列例题的目的在于：验证"简化截面法"的可靠性与可行性，为求解寻得捷径。原题分别摘自本书、《场地设计（作图）应试指南》和《建筑学场地设计》，故设计条件和任务要求不再重述。其中为表达清晰，将个别护坡的坡度变陡（如将1:3或1:2改为1:1），以及调整制图比例。而任务要求一律改为绘制护坡范围线，但可与原答案（如为修坡或挡土墙）互为对照，更可加深理解。题中涉及的护坡等高线、变坡点位置等解法应参考原书，此处不再重述。

五、建议

护坡范围线的绘制已属于场地施工详图的范畴，其中护坡转角线（面）顶（脚）点的求法更是难中之难，故此类试题大多已超出命题的深度范围或解题时限。据此，建议考生学习本附录时，主要掌握护坡转角线（或转角面中分线）与"交点区"内的两条自然地面等高线均有交点时的解法。而且只需能熟练绘制最多2个相邻台地转角和其间的护坡范围线即可，再多则在限时内很难完成。

甚至必要时，索性用近似解法求得护坡转角处的顶（脚）点，迅速绘出完整的护坡范围线，也不会失分太多。

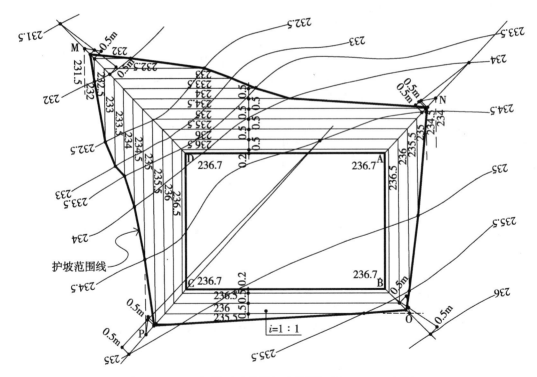

附图1−13a（根据《建筑学场地设计》图1.4.23b改绘）

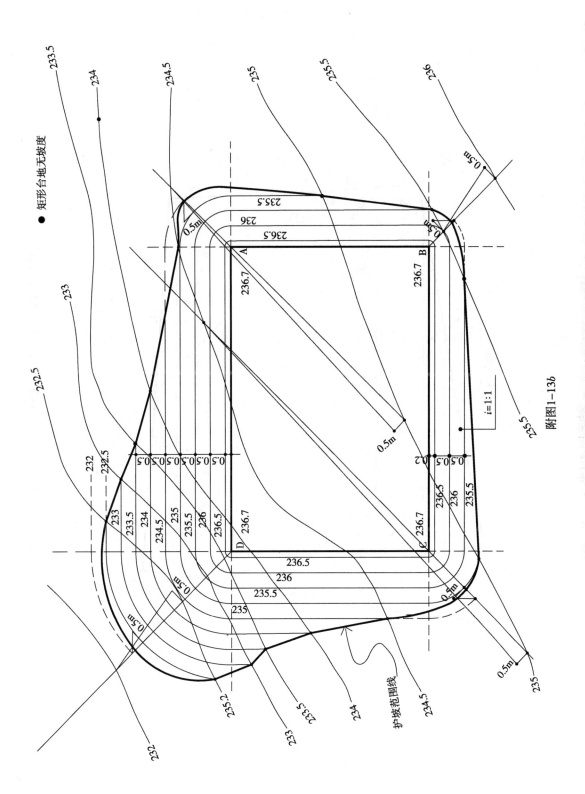

● 矩形台地无坡度

附图1-13b

247

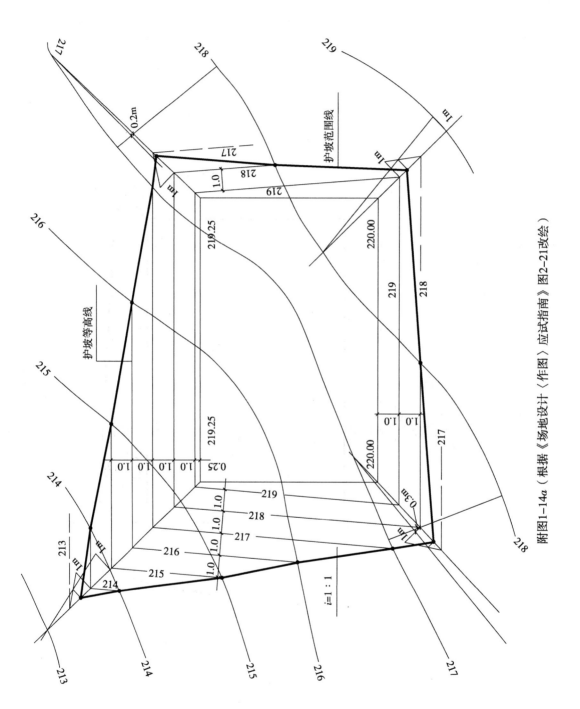

附图1-14a（根据《场地设计〈作图〉应试指南》图2-21改绘）

护坡范围线

护坡等高线

220.00

220.00

219.25

219.25

219

218

217

216

215

214

0.2m

0.3m

1:1

1m

1m

1m

1m

1m

1m

1.0

1.0

1.0

1.0

1.0

0.25

1.0

1.0

1.0

1.0

1.0

213

214

215

216

217

218

219

● 矩形台地有坡度

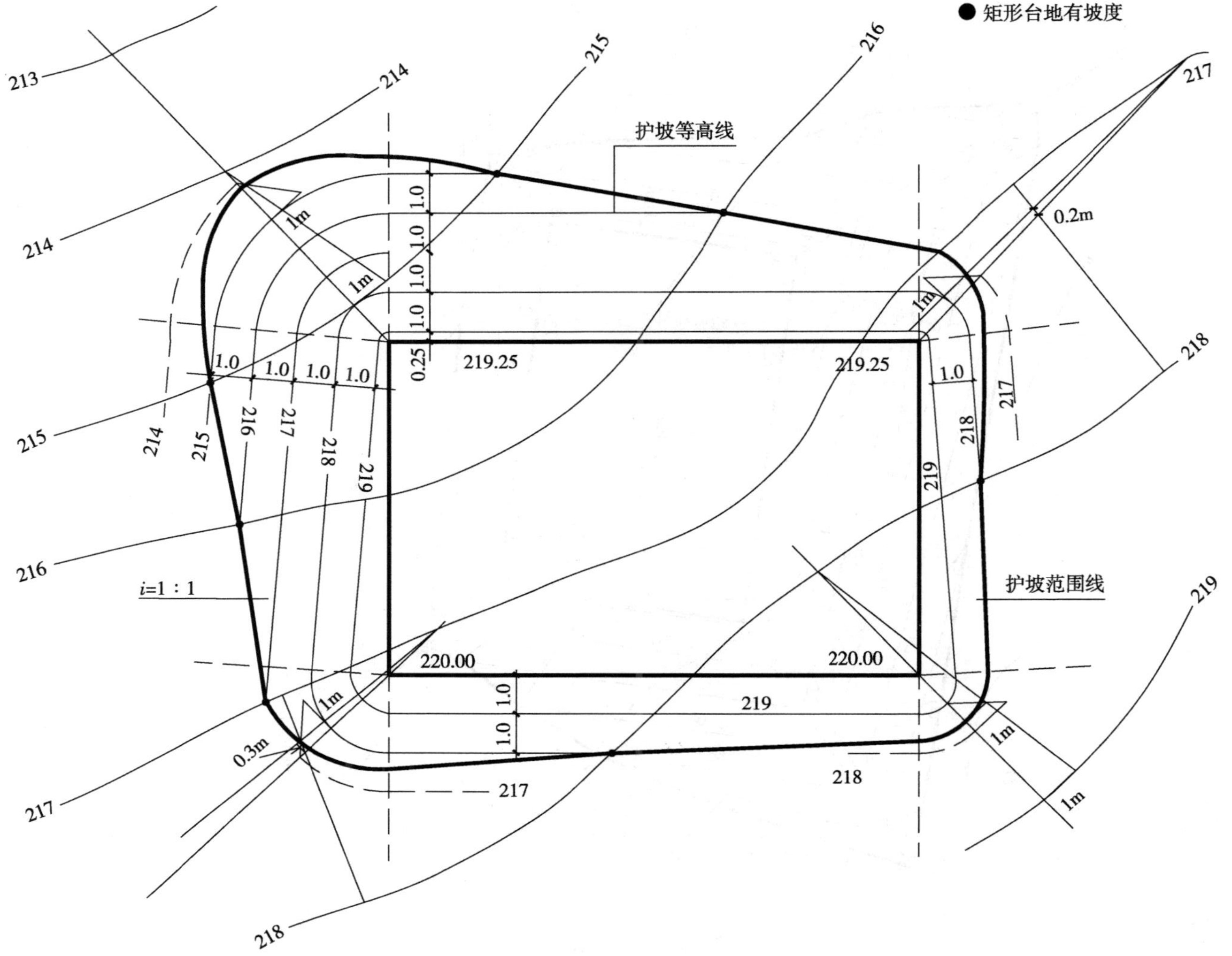

护坡范围线

护坡等高线

附图1-14b

249

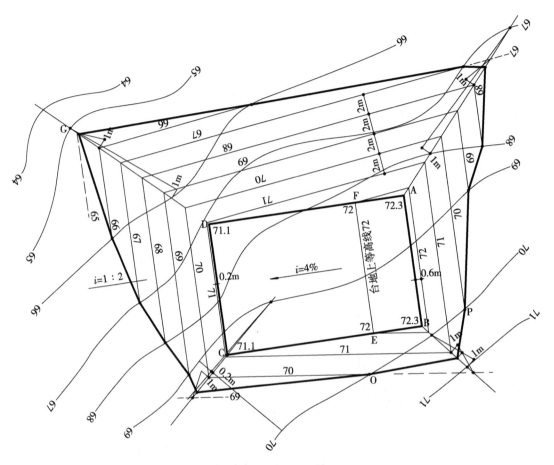

附图 1 – 15a（根据《建筑学场地设计》图 1.4.27d 改绘）

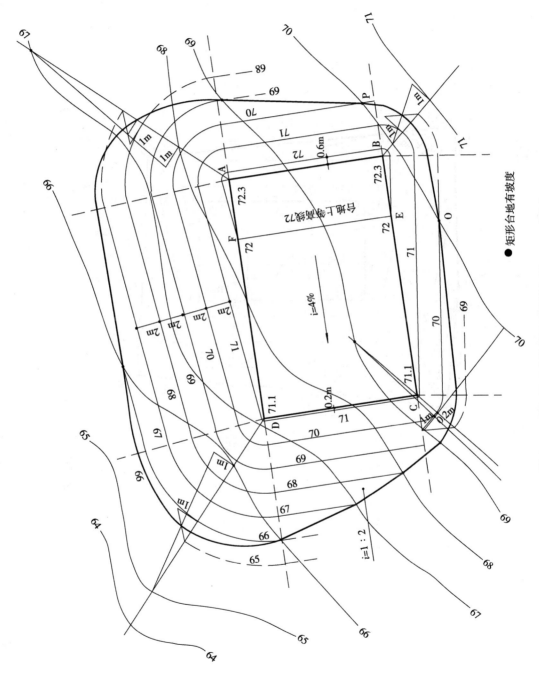

附图1-15b（根据《建筑学场地设计》图1.4.27d改绘）

● 矩形台地有坡度

251

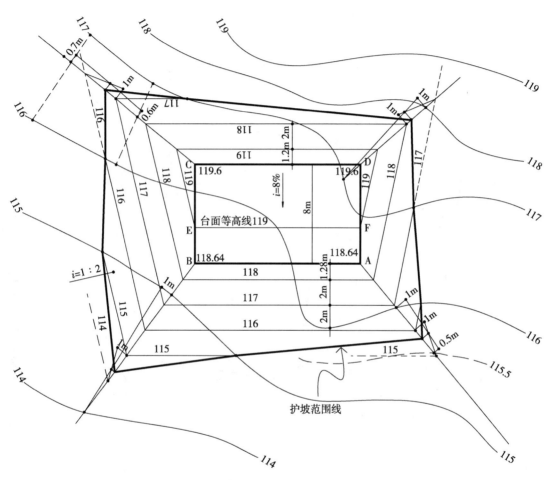

附图 1−16a（根据《建筑学场地设计》图 1.4.30c 改绘）

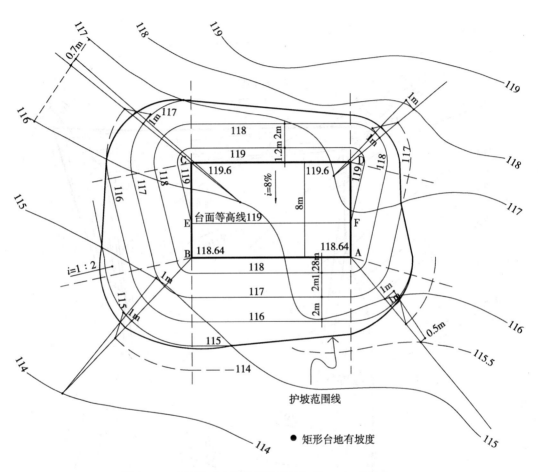

附图1–16b（根据《建筑学场地设计》图1.4.30c改绘）

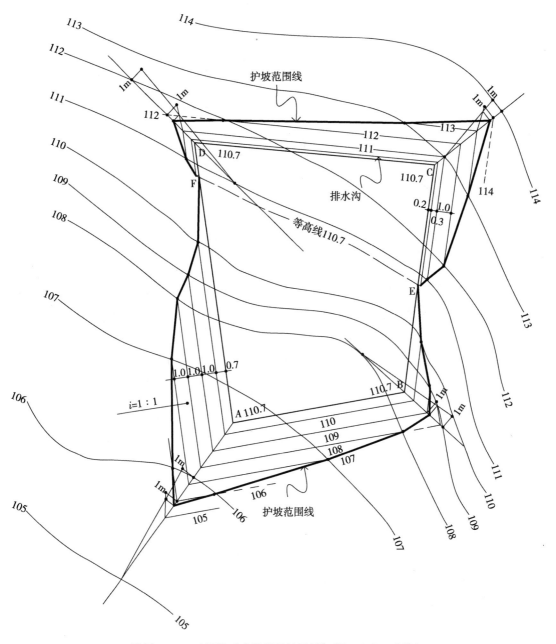

护坡范围线

排水沟

等高线110.7

$i=1:1$

护坡范围线

附图 1 – 17a（根据《建筑学场地设计》图 1.4.25c 改绘）

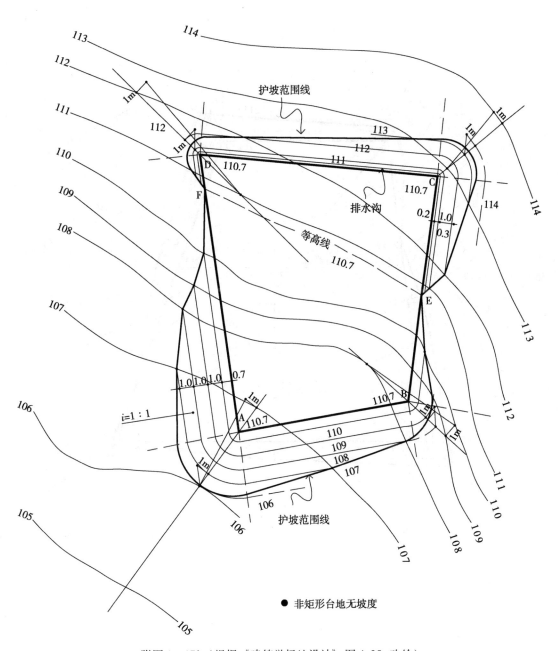

附图 1−17b（根据《建筑学场地设计》图 4.25c 改绘）

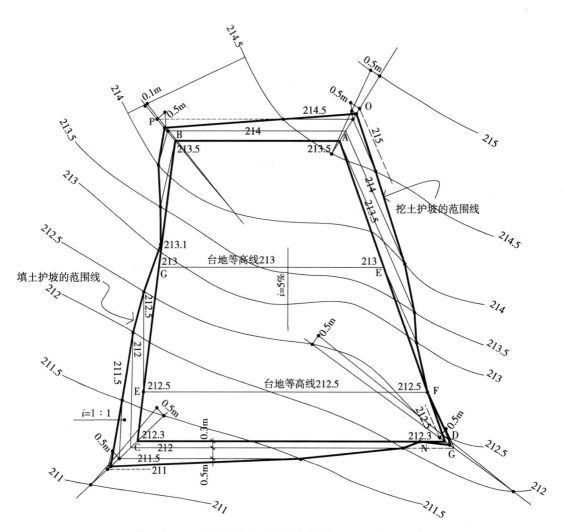

214.5

0.5m

214
0.1m
0.5m
214.5
0.5m
O

P
213.5
B
214
A
215
213.5
213.5
214
挖土护坡的范围线
213
213.5
214.5

213.1
213
台地等高线213
213
E
213.5
G
213
i=5%
213

填土护坡的范围线

212.5
212
212.5
212
G
211.5
211.5
212

211.5
i=1:1
212.5
E
212.5
F
0.5m
212.5

212.3
0.5m
212.5
212.5
212
0.3m
212.3
D
0.5m
0.5m
C
212
211.5
N
G
212.5
211.5
211
0.5m
0.5m
211
211.5
212
211
211.5

附图 1－18a（根据《建筑学场地设计》图 1.4.28c 改绘）

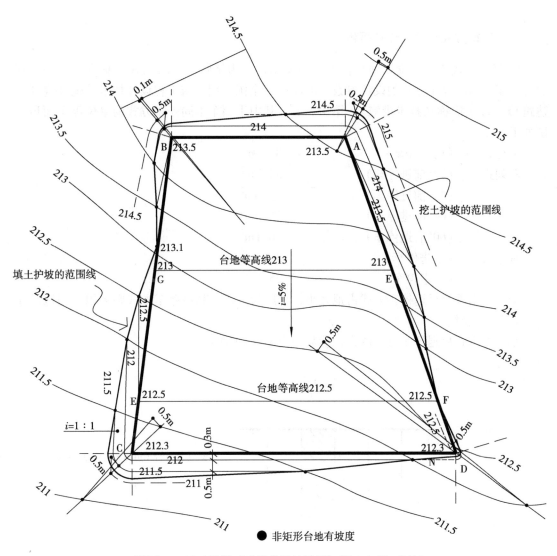

214.5

0.5m

214

0.1m

214.5

0.5m

0.5m

213.5

215

215

214

B 213.5

214

213.5

A

挖土护坡的范围线

213.5

213

213.5

214.5

214.5

212.5

213.1

台地等高线213

213

213

E

填土护坡的范围线

G

i=5%

214

212

212.5

213.5

211.5

211.5

211

i=1∶1

E 212.5

台地等高线212.5

212.5

F

213

0.5m

212.5

0.5m

0.5m

C 212.3

212.3

212

N D

211.5

0.5m

212.5

211

211.5

● 非矩形台地有坡度

附图 1−18*b*（根据《建筑学场地设计》图 1.4.28*c* 改绘）

257

附录二

停车场布置的基本模式

一、停车方式与单位停车面积

1. 停车方式依据车位纵轴与行车道的夹角，分为平行式、斜列式和垂直式三种。有关各类车型不同停车方式的设计参数，可详见《全国民用建筑工程设计技术措施（规划·建筑)》（以下简称《技术措施》）第4.5节。其中小型车不同停车方式的单位停车面积分别如下：

平行式	（前进停车）	$33.6m^2$
斜列式	（30°前进停车）	$34.7m^2$
	（45°前进停车）	$28.6m^2$
	（60°前进停车）	$26.9m^2$
	（60°后退停车）	$26.1m^2$
垂直式	（前进停车）	$30.1m^2$
	（后退停车）	$25.2m^2$

从中可知垂直后退停车方式占地最小，故广为采用。其他停车方式则多用于用地尺寸和形状受限制时。

小型车垂直后退停车方式的设计参数如附图2-1所示。

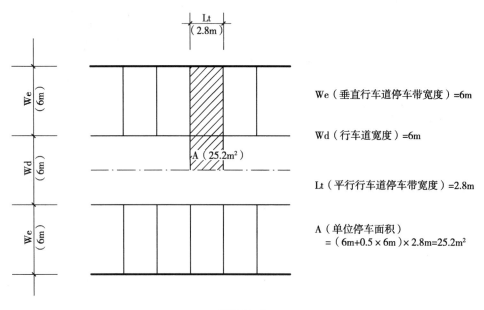

附图2-1

2. 《技术措施》第 4.5.1 – 3 条规定："停车场用地面积每个停车位为 25 ~ 30m²"，系根据简单的在行车道两侧停车计算而得。但在工程实际中，尚有行车道环通、行车道个别路段只能单侧停车（甚至空跑），以及设置残疾人车位、绿化带、管理用房等要求，故停车场的用地指标多在 40m²/辆以上。经验表明：只有为"尽端式"停车场和停车位 > 200 辆的其他类型停车场才能接近该规定指标。

3. 路边停车

有时在场地内道路的两侧或一侧，以及入口广场的边缘布置停车位。一般均根据道路和用地条件采用不同的停车方式，但仍以垂直式居多。其优点是车辆停放方便、用地经济，只是车位不宜超过 20 个。鉴于设计简单，本文从略。在历年的场地作图考试中，也仅作为综合设计题的一项考核内容出现。

二、停车场试题的命题条件

从历届的停车场作图题观之，为降低难度和简化制图，命题的条件与某些规范的设计参数有所不同，可归纳如下：

1. 均为布置小型车垂直后退停车的停车场。

2. 行车道要求环通，宽度由 6m 统一为 7m，与出入口通道同宽。

3. 停车位尺寸由 2.8m × 6m 统一为 3m × 6m。

残疾人车位间的轮椅通路由 1.2m 统一为 1.5m，且残疾人车位多为偶数，以使 2 条通路恰好折合 1 个车位。

4. 当无限制条件时，出入口通道为场内行车道的延伸。

5. 管理用房的尺寸也与车位尺寸匹配。

6. 多要求沿地界内侧设 2m 宽绿化带（残疾人车位后改为轮椅通路）；当有中间背靠背停车带时，车尾间多设 ≥1m 宽绿化带；有时还给出转角处绿化带的尺寸。

应指出的是：这些命题条件仅适用于对停车场试题的探讨，其规律性的结论只为便于解题，在具体工程设计中不可直接套用。

三、停车带与行车道的最佳布局

1. 在同一停车场用地内，停车带与行车道的布局可有三种（均暂不考虑中间背靠背停车带的车尾间距）：即停车带呈横向布置（附图 2 – 2）、停车带呈竖向布置（附图 2 – 3）和停车带呈横向及竖向布置（附图 2 – 4）。其中前二者因行车道的部分路段无停车位，形成"空跑"，导致停车数量较低，用地指标偏高。

由此可以看出，停车场的最佳布局应是：首先沿用地的周边布置停车带，然后在其内侧布置环通的行车道，同时围合出中间停车带，并应以行车道双侧停车为主。

2. 当然，在特定的条件和要求下，上述结论也不尽然。例如：试题 Ⅱ.5.00 因停车场地有 4.8%（限值为 3%）的横坡，故采用停车带均呈横向的方案反而是正确的，因能防止"溜车"，可确保安全。再如：试题 Ⅱ.5.03，因停车场分为上下两个台地，连通二者的坡道位于场地的外缘，行车更为顺畅。

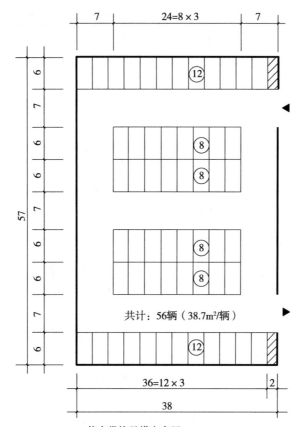

●停车带均呈横向布置

附图 2 - 2

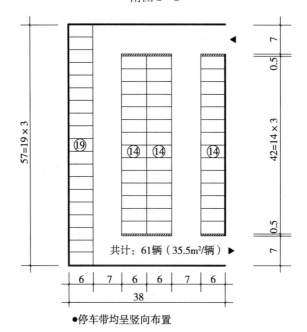

●停车带均呈竖向布置

附图 2 - 3

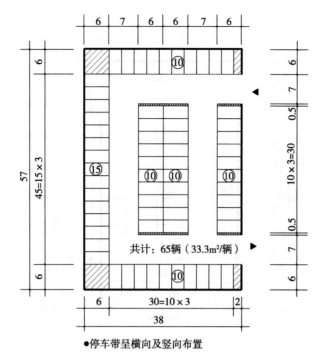

共计：65辆（33.3m²/辆）

●停车带呈横向及竖向布置

附图 2－4

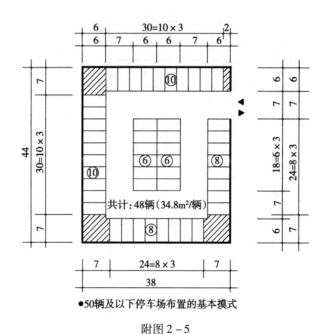

共计：48辆（34.8m²/辆）

●50辆及以下停车场布置的基本摸式

附图 2－5

四、50 辆及以下停车场布置的基本模式

1.《停车库、修车库、停车场设计防火规范》规定："停车数量不超过 50 辆的停车场可设一个疏散出口"。据此，并按照前述的停车场命题条件 1～4，即可得出两种相应的最大用地尺寸及布置方式，如附图 2－5 和附图 2－6 所示。前者用地尺寸长×宽＝44m×38m，停

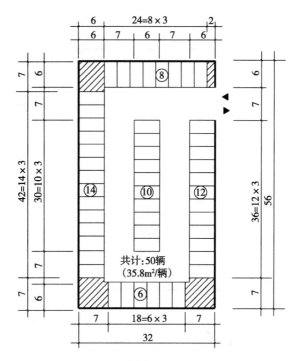

附图 2-6

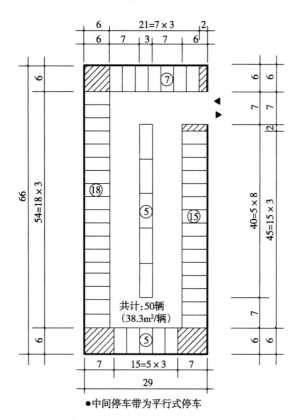

●中间停车带为平行式停车

附图 2-7

车 48 辆（34.8m²/辆）；后者用地尺寸长×宽 = 56m×32m，停车 50 辆（35.8m²/辆）。二者的行车道均呈"口"字形环通。区别仅在于后者的中间停车带为 1 排车，即行车道单侧停车的路段较长，以致用地指标较高。此外，前者用地方整，长宽适中，故在实际工程及历年试题中采用较多，成为 50 辆及以下停车场布置的基本模式。以此为基础，在竖向以 3m 为模数根据需要递减，则可得更小停车场的尺寸，且出入口方位对停车数量无影响。

2. 上述结论是在"命题条件 1～4"下所得，如果变更或增加命题条件，答案也将随之不同。

（1）如中间停车带允许改为平行式停车（宽 3m 长 8m），则停车场最大用地尺寸长×宽 = 66m×29m，停车 50 辆（38.3m²/辆），如附图 2－7 所示。也可参见试题Ⅱ.5.06。

（2）又如"尽端式"停车场采用行车道不环通的盲端布局，其最大用地尺寸和布置方式如附图 2－8 所示。其中行车道尽端宜设长×宽 = 6m×7m 的回车段，以利尽端车位进出。两种布局的用地指标均较经济，但由于用地狭长，适应性较差。实际工程中多用于 20 辆左右的小型停车场，甚至演变为路边停车。

（3）再如中间停车带内增加 1m 宽绿化带，则停车场用地最大尺寸长×宽 = 44m×39m。横向出口时停车增至 50 辆（34.3m²/辆）、竖向出口时停车增至 49 辆（35.0m²/辆），分别如附图 2－9 和附图 2－10 所示。二者停车数均有增加，且用地指标也较好，故

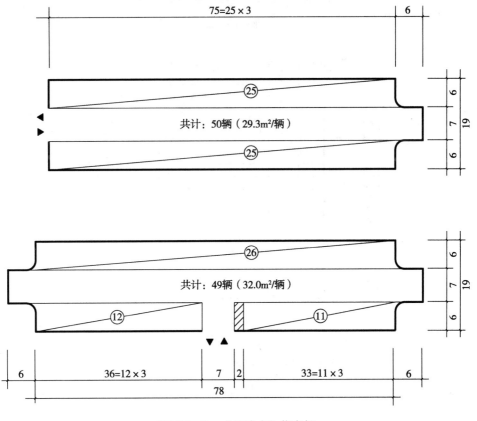

附图 2－8　"尽端式"停车场

成为工程设计和试题解答的最佳模式。此外，在多数试题中尚要求沿停车场地界四周布置绿化带（一般为2m宽），此举对停车布置无影响，但会增大用地面积和指标。

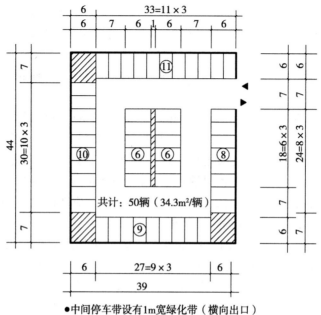

●中间停车带设有1m宽绿化带（横向出口）

附图2–9

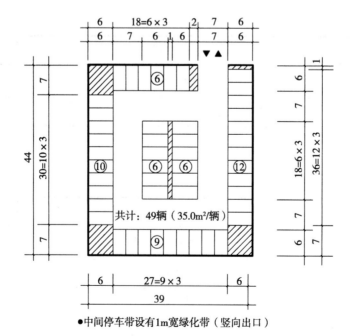

●中间停车带设有1m宽绿化带（竖向出口）

附图2–10

五、50 辆以上停车场布置的基本模式

1. 根据上述 50 辆及以下停车场布置的基本模式，只需在竖向增加 1 个车位宽度（3m），则得出 50 辆以上停车场的最小用地尺寸长×宽＝47m×38m，其内增开第二出口后可停车 52 辆（34.3m²/辆），即成 50 辆以上停车场布置的基本模式（附图 2－11）。

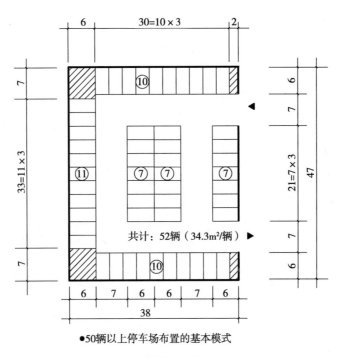

●50辆以上停车场布置的基本模式

附图 2－11

当然，此结论也是对应"命题条件 1～4"得出的，若增加布置残疾人车位、绿化带、古树保护、管理用房等要求，则答案也随之变化。如试题Ⅱ.5.98，其用地长×宽＝54m×43m，即缘于这些要求，且将停车位降至 50 个，故仍设一个出口。

2. 以此基本模式为基础进行扩展，即可得出 50 个以上更多停车位的停车场。

（1）基本模式的横向尺寸（38m）不变，沿竖向（47m）以车位宽度（3m）为模数延伸，每增加 3m 可增设 4 个车位（与出入口方位无关）。需要注意的是：当中间停车带大于 50 辆时，应增加行车道进行分组布置，形成"日"字形行车道环路，如试题Ⅱ.5.97所示。但该题在场地四周和中间停车带均设有 2m 宽绿化带，故横向尺寸由 38m 增至 38＋3×2＝44m；同理竖向尺寸则为 47＋26×3＋2×2＝129m。

（2）基本模式的竖向尺寸（47m）不变，横向以中间停车带宽度（2×6m）＋行车道宽度（7m）＝19m 为模数扩展，则每增加 19m 可增设 26～28 个车位（视出入口方位和扩展次数而定）。直到需要的车位数为止，其行道环路呈"▭▭"、"▭▭▭"……状。

（3）当然，竖向及横向也可同时按上述规律双向扩展，从而达到需要停车数量，形成更大型的停车场，其行车道系统则成"田"、"▦▦"、"▦▦▦"……状。且应根据《技术措施》的规定，当停车位＞500 个时，应设置≥3 个出入口。鉴于历届停车场试题应在

30 分钟内完成，其停车场规模多在 100 辆以下，故对大型停车场的布置，不再作深入探讨。

六、其他布置原则

详见第 I 篇 2.3 节停车场解题要点详析。

附录三

组合路面等高线的画法

所谓组合路面是指：除车行道外尚有与之相邻的路肩、人行道、绿化带及边沟等部位，其等高线的绘制自然比较复杂。

一、组合路面各部位等高线的基本形态（纵向坡度以上高下低表示）

1. 双坡车行道等高线的基本形态

因其横剖面为中间高两侧低，状似山脊，故等高线呈向上开口的"V"字或"U"字形折线或曲线。如附图 3 - 1 所示。

- aA_1=剖面高差 $\div i_纵$
- 剖面高差=路宽（单坡）$\times i_车$（道路横坡度）；或1/2路宽（双坡）$\times i_车$；或拱高（拱形路面）
- $AB=BC=\cdots\cdots=A_1B_1=B_1C_1=\cdots\cdots$ 等高距 $\div i_纵$（道路纵坡度）

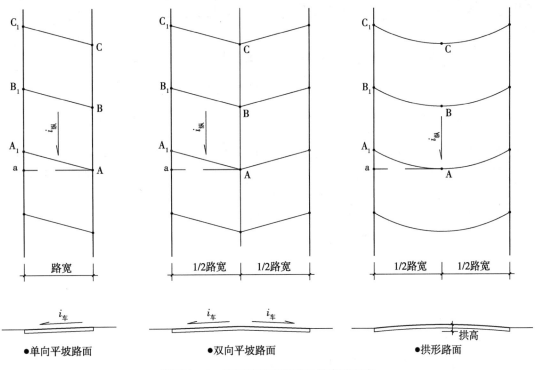

附图 3 - 1　不同路面车行道的等高线形态

2. 边沟等高线的基本形态

因其横剖面为两侧高中间低，状似山谷，故等高线呈向下开口的"倒 V"字或"倒U"字形的折线或曲线。如附图 3 – 2 所示。

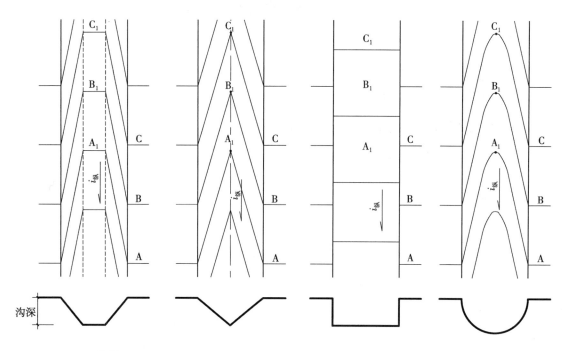

● AA_1=沟深 $\div i_纵$
● $AB = BC$ =……=$A_1B_1=B_1C_1$=……=等高距 $\div i_纵$（道路纵坡度）

附图 3 – 2　不同剖面道路边沟的等高线形态

3. 人行道等高线的基本形态

当横坡坡向车行道时，其等高线为相对于道牙点向外侧下垂的直线；当横坡坡向外侧时，等高线则为相对于道牙点向外侧上翘的直线。且均与车行道的同名等高线，在道牙处因高差而沿纵向低处位移。如附图 3 – 3 所示。

4. 单坡车行道和路肩等高线的基本形态与双坡车行道半侧相同。

5. 绿化带等高线的基本形态与人行道相似。

二、组合路面等高线的画法

1. 等高线的距离

在组合路面中，由于车行道、人行道、路肩、绿化带及边沟的纵向坡度（$i_纵$）是一致的，故各部位的等高线距离均为：等高距 $\div i_纵$（在实际工程中，后二者可与前者不同）。

2. 在组合路面中，如以双坡车行道中心线为原点，同一条等高线在各部位边线处的纵向位移值均为：剖面高差 $\div i_纵$。但在不同部位其"剖面高差"应按如下计算取值。

（1）在车行道边线处分别为：

双向平坡路面的剖面高差 = 1/2 路宽 $\times i_车$（车行道横坡度）

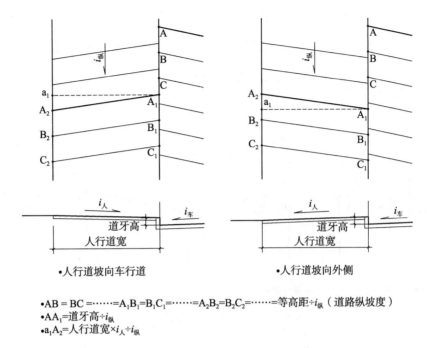

•人行道坡向车行道　　　　　　　　•人行道坡向外侧

•AB＝BC＝……＝A_1B_1＝B_1C_1＝……＝A_2B_2＝B_2C_2＝……＝等高距÷$i_纵$（道路纵坡度）
•AA_1＝道牙高÷$i_纵$
•a_1A_2＝人行道宽×$i_人$÷$i_纵$

附图 3 - 3　不同坡向人行道的等高线形态

单向平坡路面的剖面高差＝路宽×$i_车$

拱形路面的剖面高差＝拱高

（2）在路肩外缘处的剖面高差＝路肩宽×$i_肩$（路肩横坡度）

（3）在人行道外缘处的剖面高差＝人行道宽×$i_人$（人行道横坡度）

（4）在人行道道牙处的剖面高差＝道牙高

（5）沟边至沟底的剖面高差＝沟深

3. 绘制组合路面等高线时，应根据已知条件，首先选定一条等高线，由车行道中心线为起点，向两侧分别按"2"所述的方法绘出该等高线的完整形状。然后按"1"求出的等高线距离，依次画出其他高程的等高线即可。如附图 3-4 所示。

三、几点提示

1. 组合路面的等高线距离，系指双坡车行道中心线上，以及各部位交界线上等高线高程点的距离，并不等于等高线间距，因后者为等高线间的垂直距离（参见试题Ⅱ.3.99）。

2. 人行道与车行道的同名等高线在道牙处应有向低处的纵向位移，如画向高处则错误。因为车行道在道牙处的等高线高程点位于道牙下端，而人行道上的同名等高线在道牙的上端，故必然降至纵向的低处。

3. 当同时给出自然等高线时，则组合路面的等高线应在两侧与同名自然等高线相连接。若对调整等高线无固定坡度要求或设置挡土墙时，画法较为简单（参见试题Ⅱ.3.04）；如要求做护坡时则极为复杂，一般建筑师很难在限时内完成。可参见〈陈磊编指南〉习题 2-4。

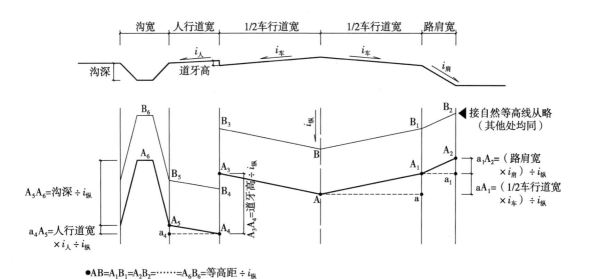

沟宽　人行道宽　1/2车行道宽　1/2车行道宽　路肩宽

$i_人$　$i_车$　$i_车$　$i_肩$

沟深　道牙高

B_6

B_3　$i_纵$　B_1　B_2◀接自然等高线从略（其他处均同）

A_6　B　A_1　A_2

B_5　$a_1A_2=$（路肩宽$\times i_肩$）$\div i_纵$

$A_5A_6=$沟深$\div i_纵$　A_3　B_4　A　a　a_1

$aA_1=$（1/2车行道宽$\times i_车$）$\div i_纵$

$A_3A_4=$道牙高$\div i_纵$

$a_4A_5=$人行道宽　a_4　A_4
$\times i_人 \div i_纵$

●$AB=A_1B_1=A_2B_2=\cdots\cdots=A_6B_6=$等高距$\div i_纵$

附图3-4　组合路面的等高线画法

后　记

　　鉴于历届注册建筑师资格考试不公布试题和标准答案。因此，在诸多辅导书中，除模拟题外，所谓的"试题"多系根据考生的回忆及编者的理解归纳而成。以致"试题"给出的条件和答案，往往大同小异，使读者难免迷惑。为此，本书将当前散见于诸书中的例题加以汇总，并对同类者从纵向阐述最初的原型与其后的演变，再从横向评析题间的异同。目的在于：使读者在整体上对试题的范围和类型形成清晰的脉络，从而掌握解题的基本思路和规律，达到举一反三、一通百通的目的。

　　本书作为"汇评"，其中有些例题源自耿长孚、赵晓光、任乃鑫三位先生的著述。故成书前曾分别告知了编写意图，并得到他们的欣然同意和热情支持，对此深表谢意！另外，在编写过程中还得到胡平淳（马建国际建筑设计顾问有限公司）和吴阳贵（本院科技处）二位先生的大力协助，在此一并致谢！

编者